L'ART ET LES PLAISIRS

DE LA

CHASSE AU LIÈVRE .

IMPRIMÉ PAR J. VERRONNAIS, A METZ.

L'ART ET LES PLAISIRS

DE LA

CHASSE AU LIÈVRE

SIX LETTRES

Adressées à une personne de qualité

PAR JOHN SMALLMAN GARDINER, GENTL.

———

TRADUIT DE L'ANGLAIS

Par L. de CUREL

D'après l'exemplaire de M. HUZARD, de l'Institut.

Odora canum vis.
Puissance merveilleuse du nez des chiens.

Venator ! tecum habeto.
Chasseur ! que je sois ton guide.

MDCCL

PARIS

FURNE, ÉDITEUR

Rue Saint-Andre-des-Arts, 45.

METZ

M. ALCAN, LIBRAIRE

Rue de la Cathédrale, nº 1.

1862

INTRODUCTION

L'anglais n'est ni gai ni aimable, dans le sens qu'en France on attache à ces mots; s'il veut tendre la main, il donne la patte; s'il veut effleurer l'épiderme, il offense les chairs; son badinage n'a rien de léger; quand il rit, ses lèvres blessent et font la grimace. L'anglais est tellement anglais, tellement infatué de son charbon, de son climat, de son *self-governement* et de sa marine, qu'il a un orgueilleux dédain pour les étrangers et ne veut même pas rire comme eux. Personne n'a oublié les lourdes gentillesses dont furent accueillis nos triomphes en Crimée et en Italie, ni les fades plaisanteries du *Times* et du *Morning-Post* sur les doléances de nos manufacturiers, de nos agriculteurs, des maîtres de forges, des économistes, au sujet du traité de commerce, ni les sarcasmes de ces journaux sur notre inscription maritime et sur les honorables défenseurs de la liberté limitée de la pêche du hareng. Mais si John Bull n'a pas la finesse, l'esprit délicat de Figaro, il possède une qualité qui lui est propre, c'est l'*humour*. L'*humour* se sent et ne se définit pas; des prétentions à la gaieté, à la joie, avec des expressions ironiques, sarcastiques, peut-être est-ce l'*humour*. Hogarth dans ses tableaux, Addison, Swift, Fielding, Byron, etc., dans leurs œuvres immortelles, ont de l'*humour;* mais leur joie n'est pas sympathique, *elle fait peur,* elle attriste; rien, chez eux, ne rappelle la douce gaieté, l'entrain des

scènes des plaideurs, du bourgeois
gentilhomme, de Pourceaugnac, de
Gilblas, du mercure galant, des comé-
dies de Dancourt, etc. En un mot,
leurs railleries sont amères, peu
plaisantes, et se rapprochent plus du
genre de Rabelais que d'aucun autre
des écrivains français.

Peu de personnes ont lu les auteurs
anglais en original, les traductions
qu'on en a faites ne sont même pas
dans toutes les bibliothèques; je prends
donc la liberté d'appeler l'attention sur
les pages adressées *au lecteur* par

l'auteur ; elles donneront une idée assez juste de l'*humour,* de cette joyeuseté morose, chagrine et hautaine, qui est le trait principal du caractère de nos voisins d'Outre-Manche.

Le brandy quotidien, la soulerie et les coups de poing des Hustings, la chasse au renard, les combats de coqs, les courses de chevaux, ont été et sont encore à un moindre degré, les délices et l'âge d'or du peuple et des pairs d'Angleterre. Aussi, ce fut, je suppose, un événement mémorable. dans le monde cynégétique, que l'apparition

du livre de M. Gardiner. Tourner en
ridicule la chasse au renard, exalter la
chasse au lièvre, la chasse des français,
et la déclarer supérieure à toutes les
autres comme science et comme amusement, dût, en effet, paraître un peu
impertinent aux vaniteux gentilshommes du sport. L'auteur use largement
de la parole; épigrammes, brocards,
quolibets, il prodigue tout à ses chers
concitoyens les chasseurs de renards.
Suivant lui, il n'y en a pas un sur vingt
qui aime cette chasse pour elle-même;
c'est par genre, pour être à la mode,
pour faire voir l'excellence de ses che-

vaux, que l'on expose sa tête et ses bras, à courir après cette vilaine bête ; tous les prétendus amateurs de renard montent à cheval avec le désir secret, dit-il, que la dangereuse comédie finisse vite et sans accident ; si ce n'était les yeux du monde, ils préféreraient trotter sagement sur la grande route. Nous partageons cet avis ; chasser n'est pas courir, courir n'est pas chasser ; c'est pour cela que la chasse du cerf, telle qu'on la pratique et que je l'ai pratiquée, m'a toujours été antipathique comme chasse ; le résultat est presque infaillible et le dénouement toujours prévu d'avance avec une monotonie désespérante.

En regard de cette satyre, Gardiner énumère les plaisirs de la chasse au lièvre. Ce joli animal court vite, mais randonne et revient sur ses pas ; il s'éloigne rarement ; ce qu'il a fait une fois, il le recommence et le chasseur sait bientôt à quoi s'en tenir. Le lièvre évite les ravins et recherche les terrains secs ; avec lui, peu ou point de haies et de fossés à franchir, point de marais où l'on s'embourbe, partant point de culbutes ni de jambes cassées. Tout est plaisir sans danger ni malheur.

On le voit, le caractère caustique de l'auteur se montre à découvert ; pour censurer le goût des sportmen, il se garde d'employer la ressource respectueuse des beaux esprits qui parlent à mots voilés des hommes et des choses ; pour lui, un chat est un chat, et son irrévérence n'est pas déguisée.

La deuxième lettre est une dissertation sur les diverses races de chiens courants en usage en Angleterre, et

sur la manière de les conserver pures.
Dans l'énumération que fait l'auteur, il
parle de chiens qui vont si grand train,
que le lièvre n'a le temps ni de ruser
ni de respirer, etc. Voilà, sans doute,
l'origine des *chiens anglais* si malen-
contreusement introduits en France,
et qui désespèrent ceux qui font de la
chasse un art et un délassement de
l'esprit, non un tour de force. M. Gardiner ajoute que ces chiens chantent
d'une manière ravissante; ce n'est plus
le cas aujourd'hui, ils ont cessé de crier
et sont presque muets; il faut croire
qu'en consacrant cette race à la chasse

du renard, les éleveurs auront encore augmenté sa vitesse aux dépens de sa voix, par des croisements successifs avec des lévriers.

Dans cette même lettre, l'auteur cite un fait qui lui a été rapporté d'une chienne aristocratique, qui, toute sa vie, a mis au monde des chiens en tout semblables à un affreux roquet, dont elle avait été antérieurement éprise, et il déclare ne pas croire à une telle excentricité, à un amour si passionné qu'il ait pu produire de tels résultats. Rien n'est plus exact cependant, ce souvenir impérissable d'un premier attachement, est aujourd'hui un fait acquis à la science ; aussi, dans les chenils bien organisés, on séquestre les chiennes en folie, loin du contact des chiens, et aussi de leur simple vue. Dieu me garde de faire de la réclame au profit de M. Dentu, éditeur, mais je dois dire que dans le *Manuel du chasseur au chien d'arrêt,* j'ai cité sur ce phénomène plusieurs faits que doivent étudier les hommes qui savent trouver, dans la chasse, non-seulement une distraction, mais une source d'instruction sérieuse.

Après les chiens, les lièvres; l'auteur les examine au point de vue physique et au point de vue de l'instinct; il assure que pas un animal n'est aussi rusé et que c'est ce qui rend sa chasse attrayante par dessus les autres. Pas un animal, non plus, n'est mieux constitué pour se défendre: longues pattes, jarrets d'acier, poils sous un pied nerveux et sec, ce qui lui permet de courir impunément dans les chemins pierreux et sur la terre glacée, reins souples, oreilles longues et mobiles qui lui facilitent la perception du bruit devant et derrière lui; il n'est mal

partagé que du côté des yeux trop écar-
tés l'un de l'autre; il voit mal devant
lui et ne peut éviter les dangers en
face de lui, que par l'ouïe (the hearing)
et par l'odorat (the smelling) qu'il a
très-fins.

Je n'irai pas plus loin dans l'analyse
fort incomplète de ce curieux ouvrage;
je ne veux déflorer ni les aperçus de
l'auteur, ni sa manière originale de les
présenter; je veux encore moins pro-
fiter de l'occasion pour montrer mon
érudition cynégétique; je me bornerai
au mérite très-réel d'avoir rendu ser=

vice à mes confrères en leur faisant connaître un livre intéressant. L'auteur y parle chasse sans s'égarer, chose rare, sur des choses étrangères, et sans se perdre dans des appréciations sentimentales; il s'attache seulement à reproduire l'image fidèle des passions qui animaient sa jeunesse dans la poursuite séduisante autant que difficile et savante du plus charmant des quadrupèdes.

Quant au mérite, d'ailleurs fort contestable, d'avoir traduit un vieux livre, je n'en fais nul cas; d'autant plus

que, une ponctuation vicieuse et incomplète, que des expressions vieillies,
des fautes typographiques sans nombre,
et une foule de mots techniques m'ont
souvent forcé de recourir à ma famille;
sans ce puissant secours, *véritable-
ment anglais*, je n'aurais pu jamais
mener à fin la tâche entreprise, de
façon à la rendre digne du lecteur,
seul but de mes désirs et de mes peines.

L. DE CUREL.

Metz, Août 1862.

AU LECTEUR

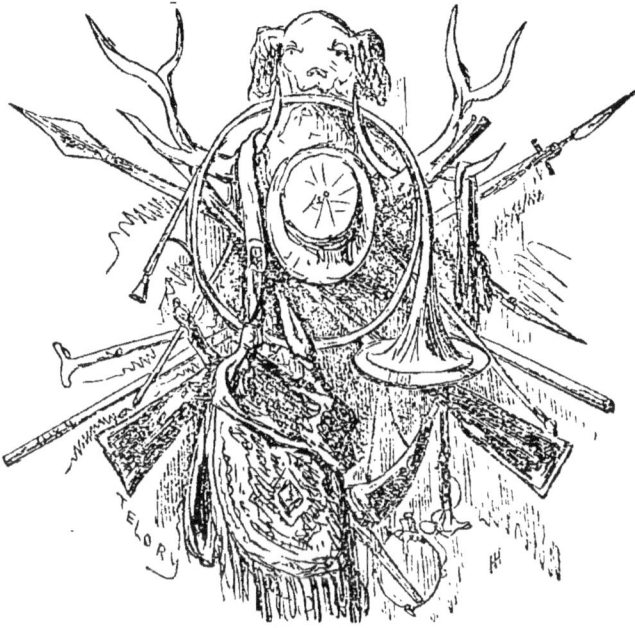

Depuis que j'ai fini le présent ouvrage, j'ai appris qu'il y a quelques années, un essai a été publié sur le même sujet. Si aucune ressemblance existe entre les deux livres, il faut re-

connaître que l'auteur a alors pensait
sur le sujet récréatif comme l'auteur
d'aujourd'hui, car je déclare n'avoir
jamais usé du pamphlet en question.

Le monde est amélioré si sensiblement (ceci soit dit pour le plus grand
honneur de la science), par la multitude d'écrivains qui ont épuisé toutes
sortes de sujets, que, par compassion
pour mes semblables, je dois prier ins-
tamment M. Foot, délices du peuple,
de favoriser la république des lettres
d'un traité de Pantomime, et aussi le
génie transcendant, M. Hoyle, de vou-

loir bien compléter ses travaux par un petit in-quarto sur le Pape Jean[1] et sur le trou-madame[2]; il est impossible de dire jusqu'à quel point de tels traités seraient instructifs et profitables aux curieux et aux nécessiteux sujets fidèles de Sa Majesté. Même, sans flatterie, il serait difficile d'exprimer combien de tels livres seraient utiles au genre humain. Les délassements du monde sont si multipliés, que peu de sujets, ceux dont je parle exceptés (la pantomime

[1] Jeu anglais.

[2] *Id.;* c'est également un jeu français.

et le pape Jean), sont universels, et que peu d'auteurs, à part ceux que je viens de mentionner (MM. Foot et Hoyle), pourraient espérer de réussir; ils sont trop assujettis aux préjugés d'une foule de littérateurs et d'hommes de goût.

Le monde ne s'étonnera-t-il pas (et combien juste sera son étonnement), s'il découvre que la chasse au lièvre réjouit autant le grand M. D*** que s'il chassait aux sauterelles ou poursuivait d'humbles abeilles; ou que cet ouvrage, maintenant soumis humble-

ment au public, excite autant la curiosité du célèbre M. L*** que s'il s'agissait
d'un savant ouvrage sur les papillons,
les araignées ou les vers à soie.

Je le dis avec un profond respect,
on doit appeler toutes les faveurs sur
le savant clerc auteur du Polype, et
glorifier sa mémoire ; de même, soit-il
fait pour celui qui a écrit le livre où
sont relatés les faits et gestes de Cla-
risse Harlow et de son oncle Antony.
Juste ciel ! avec quelle merveilleuse
précision (comme dit Cervantes) ne
décrivent-ils pas les moindres circons-

tances! Trois fois heureuse soit aussi la génération de cet amusant génie, M. Filmer Simpkins (sage non moins facétieux qu'instruit), qui a honoré la république de la moitié de son amitié et de son assistance, par le *Traité complet du Pêcheur à la ligne*, ainsi que par le *Traité d'avis utiles sur les Alouettes*. Ces productions ne seront jamais assez admirées, elles sont instructives et remplies de découvertes également précieuses par leur nouveauté et leur utilité.

Loin de moi (je le dis avec simplicité de cœur), loin de moi d'attendre ou d'espérer l'approbation d'aucun des auteurs ici mentionnés ou de leurs sublimes patrons, esprits supérieurs du goût le plus raffiné. Chaque homme étant heureusement pourvu dans une équitable proportion de cette louable qualité, appelée par erreur : amour propre ou partialité en faveur de ses productions, je me flatte qu'il se trouvera quelque chasseur goutteux, brisé, perclus de douleurs et de rhumatismes, qui aura la curiosité de consulter ces feuillets : je le dis (et c'est suivant toute probabilité humaine), il pourra se trouver par ci, par là, une telle personne ou de telles personnes. Eh bien ! j'affirme que si cette personne ou ces personnes ont éprouvé un moment de satisfaction, c'est tout ce que j'ai désiré, car j'écris (comme beaucoup d'autres) pour être agréable seulement à ceux qui me ressemblent.

On ne doit pas penser cependant que j'ose comparer cette bagatelle aux ouvrages longtemps médités que j'ai cités plus haut, si ce n'est pour la simplicité du style et la singularité du sujet. Une notable quantité de ce premier mérite sera aisément découverte, presqu'à chaque page, par un lecteur impartial, et touchant le second, les personnes les plus dédaigneuses peuvent être mises au défi de prouver que j'ai tourné en ridicule aucune science ou désigné aucun homme d'état. Non, pas une syllabe ne fait mention de Milord ★★★, ni de Sa Seigneurie ★★★, ni de la vieille douairière Lady ★★★ ; la plus sévère analyse de mon ouvrage (des juges compétents l'affirment) ne pourra y découvrir ni anecdotes scandaleuses, ni haute trahison. Je confesse cependant que l'histoire que j'y raconte du docteur Dancer, pèse lourdement sur ma conscience, et mon frère Leatherhead (bachelier ès-arts), jeune homme sensé et plein d'avenir, m'a conseillé de me repentir et d'implorer le pardon du docteur. Quant aux électeurs *indépendants*, j'ai complétement évité d'en parler, dans l'espérance que, quelqu'étrangers ils puissent être au sujet en question, beaucoup d'entr'eux m'honoreront de leur offrande et liront ces feuillets pour le prix modique d'un schilling. Je te dis adieu, lecteur, à quelque classe ou rang que tu appartiennes; je te dis adieu, quand même

tu serais *Indoctior quam in tragedia comici, aut sapientor quam Thales*[1].
Je vais prendre la liberté d'entrer en matière.

De mon chenil, près Rumford.

GARDINER.

[1] Plus malhabile qu'un comique dans la tragédie ou plus sage que Thales[2].

[2] L'un des sept sages de la Grèce.

LETTRE I.

―

CONTENANT DIVERSES CHOSES SUR LE SUJET
QU'ON SE PROPOSE.

MILORD,

Les demandes que votre Seigneurie m'a souvent
adressées pour que j'exprime mon sentiment sur
la chasse au lièvre, m'ont enfin conduit à mettre
la main à la plume. Mais je désire que vous
preniez en considération que comme peu de
choses peuvent être dites sur un tel sujet avec
une certitude absolue, une grande partie de
mes opinions devra être matière à conjecture ;

cependant, ce qui aura de grands traits de ressemblance avec la réalité, sera principalement fondé sur des observations faites pendant un long cours d'années et d'expérience.

Beaucoup de monde, je me hasarde même à dire tout le monde a, à une époque ou à une autre de la vie, un goût particulier pour un amusement quelconque; votre Seigneurie ne peut avoir oublié que, dans nos fréquentes discussions sur les plaisirs, j'ai souvent déclaré que la chasse au lièvre avait été le mien; ce qui avait contribué à me le faire aimer, ce sont les impressions favorables que dans ma jeunesse j'avais reçues sur ce sport, de mon père et de mon grand-père qui en faisaient leurs délices.

Je confesse à votre Seigneurie que prévenu autant que je le suis en faveur de la chasse au

lièvre, je ne pense pas qu'il y ait un divertissement qui lui soit égal et aucun préférable. La
chasse au cerf, au daim, au chevreuil, au renard, a, sans doute, son charme, mais elle ne
peut être joyeusement pratiquée que par les personnes qui, comme vous, ont beaucoup de fortune et d'indépendance ; et encore dans ces
chasses, ces personnes paraissent-elles plutôt
s'amuser qu'elles ne s'amusent réellement ; plusieurs de celles qui les pratiquent, si elles exa-
minaient leur cœur, j'ose dire qu'elles avoueraient
consciencieusement qu'elles le font plutôt par un
motif de mode que par un véritable amour.

L'amour de la chasse, presque chaque homme
l'a ou croit l'avoir. Milord, vingt hommes dans
les champs à la poursuite d'un lièvre, trouveront plus de plaisir et de joie véritables, qu'un
homme sur vingt n'en aura dans une chasse au

1.

renard; car la première consiste dans une va-
riété infinie de plaisirs imprévus; la seconde
n'est guère autre chose que courir très-fort à
cheval, d'effectuer des sauts dangereux, que
l'orgueil d'enfourcher le meilleur cheval et de
montrer qu'on est un bon cavalier; de plus, et
cela est supérieur à tout, d'arriver le premier à
la mort de la bête, après une chasse qui a souvent passé d'une contrée dans une autre, durant
la moitié de laquelle on a été loin de la voix des
chiens et dans l'impossibilité de les apercevoir;
de sorte que pour mériter le nom de chasseur
de renard, un homme peut très-bien monter à
cheval à la porte de son écurie et galopper vingt
milles, d'une extrémité à l'autre du pays.

Je ne doute pas qu'à la fin de cette chasse
imaginaire, s'il revenait sain et sauf à la porte
de son hôtel, cet homme aurait joui de cette

première et principale satisfaction que plusieurs
gentilshommes ont tant à cœur dans une chasse
au renard, savoir : d'avoir franchi plusieurs
fossés doubles, cinq barrières, et d'avoir tra-

versé des marais dangereux, sans s'être enfoncé
une seule côte, en dépit de deux ou trois diabo-
liques chutes en faisant des sauts périlleux.

A la chasse au lièvre, ces accidents ne sont pas communs ; les distractions sont d'une autre sorte ; quand Puss (le lièvre) est levé, ordinairement il court en cercle ; pour les hommes et pour les chevaux, le premier cercle qui arrive dans tous ceux de la chasse est ordinairement le pire ; car les fossés une fois sautés, les barrières une fois ouvertes, rendent d'habitude le passage libre pour chaque tour que le lièvre peut faire ensuite.

Le cas est différent avec le cerf, le chevreuil ou le renard ; car, dès qu'un de ces animaux est sur pied, dix fois pour une, après quelques tours, il prendra un grand parti et conduira le sportman dans des dangers toujours nouveaux ; s'il est jeté à bas de cheval, le héros du jour restera là sans honneur et sans secours ; sinon, il a souvent le plaisir à la fin de la chasse, de se trouver à une douzaine de milles, loin de sa maison.

La première de ces mésaventures, fut cause qu'un noble pair se défit d'un des plus beaux chenils dont l'Angleterre se soit glorifiée. Aujourd'hui même, la meilleure des épouses déplore la perte du *Prince Silurian*[1], qui, par suite d'une côte brisée, perdit la vie à la fleur de l'âge; sans un semblable malheur, *Roper*[2] lui-même eut vécu plus longtemps.

Milord, observez que le leste chasseur au lièvre, à pied ou à cheval, suivant son âge, son adresse ou sa fortune, jouit de chaque note de l'harmonie, suit sa meute de près, que rarement il est hors de portée de voir ou d'entendre ses chiens, et que, par dessus tout, il a le plaisir d'une chasse délicieuse et non périlleuse comme

[1] Inconnu.

[2] *Id.*

celle du renard ; plus modérée, moins pénible,
et dans le courant de laquelle sa satisfaction
est beaucoup rehaussée par de fréquents à
vue, soit qu'il cherche, conserve ou suive la
piste.

Combien la vue inattendue du lièvre fait circuler le sang chez la jeunesse vigoureuse; combien, rapidement, elle fait battre le cœur dans
un transport surprenant et jusqu'alors inconnu!
Combien aussi dans l'âge boiteux, la vue du
lièvre égaie les esprits, réchauffe le sang glacé
et rappelle, à 70 ans, les mémorables exploits
de 26, faiblement imités! Combien jeunes et
vieux sont en extase quand Puss (le lièvre) [1] a
enfoncé les chiens, perdu la meute, et quand,
sur quelque colline, on le voit faire ses ruses,

[1] Littéralement Minet.

sauter à droite, à gauche, doubler ses voies,
s'asseoir et écouter ; puis, enfin, s'applatir
comme s'il s'enfonçait dans la terre et tromper
l'œil inexpérimenté, en se glissant dans son gîte.

Ce sont là des plaisirs inconnus dans une
chasse au renard, mais, *trahit sua quemque*

voluptas; la chasse au lièvre peut être aussi ennuyeuse pour le garde, le forestier, le chasseur de renard, que pour moi elle est agréable; chacun, je n'en doute pas, peut avancer pour soutenir son amusement, autant de raisons que je puis faire pour soutenir le mien; par conséquent, il serait imprudent de déclamer contre les distractions des autres personnes, pour rehausser la satisfaction qu'on trouve dans la sienne.

Le tempérament et le caractère déterminent le plaisir de chaque amusement; ainsi, le plaisir qu'on trouve à poursuivre un pauvre lièvre inoffensif avec une foule de vilains chiens hurleurs, pourra paraître aussi cruel qu'un combat de taureaux à l'homme au sang lent et froid, de même qu'au freluquet mou et efféminé.

Finissons cette manière de préface ; je dois maintenant appeler votre attention sur les chiens, non sur tous en général, mais sur les espèces qui ont plus particulièrement rapport à mon sujet.

Le chien de cerf ou de carnage a peu à faire avec le lièvre ; le chien de loutre[1] et le chien de renard (le limier excepté), se rallient souvent à la chasse ; il est vraiment difficile d'avoir un chenil complet de chaque espèce absolument pure ; mais beaucoup de chiens se rallieront volontiers à la chasse les uns des autres, ce qui est dû en grande partie à quelques circonstances

[1] En France, il n'y a point de chiens particuliers ou spéciaux pour chasser la loutre ; on la tire quand on la rencontre dans les roseaux, dans les saussaies sur le bord des eaux. Les chiens d'arrêt, pour la plupart, la poussent vigoureusement.

2

dans l'éducation qu'ils reçoivent ou qu'ils se donnent eux-mêmes chez un garde.

En essayant des jeunes chiens, on doit faire grande attention au gibier avec lequel on les dresse, parce qu'un chien préfère généralement le gibier auquel il a été d'abord accoutumé et dont il a goûté le sang. Peu de chasseurs font attention à cela ; au contraire, s'ils peuvent amener leurs jeunes chiens à prendre la voie et à poursuivre un chat, un lapin ou un hareng saur traîné par une ficelle[1], ils se croient pourvus d'élèves qui ont de l'avenir.

[1] Cette découverte du hareng saur n'est pas nouvelle, on le voit ; le siècle du progrès ne pourra pas s'en glorifier, quoique plusieurs auteurs modernes en parlent et semblent donner cette bonne plaisanterie, comme de leur invention. (L. DE C.)

On peut observer quelque chose de semblable, toute proportion gardée, à l'égard du pays. Ainsi, les chiens qui ont été dressés dans un pays plat, aiment à chasser sur un terrain bas et entouré ; de même, les chiens habitués à la plaine, chassent mieux dans les sentiers des bois et dans les enclos, que sur les versants de montagne et dans les bruyères sablonneuses.

L'époque pour mettre les jeunes chiens dedans, dépend de la saison où ils ont vu le jour. Suivant moi, le moment convenable serait à un an ; dix-huit mois est déjà un grand âge.

LETTRE II.

—

TRAITANT DES DIVERSES SORTES DE CHIENS DE CHASSE
ET DE LEUR DIFFÉRENCE.

2*

Les chiens les plus en usage pour lièvre peuvent être classés en peu d'espèces, chacune très-bonne dans sa nature, à savoir:

Le chien du midi, à la voix basse, aux lèvres épaisses, au corps large, aux jambes élevées;

Le chien rapide, au nez pointu, aux oreilles étroites et pointues, à la poitrine étroite, aux

épaules resserrées et à l'avant-train comme celui
du renard ;

Le chien dur, au poil rude, aux membres
épais et bien attachés, aux épaules peu chargées
de chair ; puis enfin, le Beagle au poil rude
ou fin.

Chacune de ces espèces, comme je l'ai déjà
dit, a ses qualités spéciales ; en toute justice, il
n'est pas possible de recommander l'une plutôt
que l'autre pour son genre, sa couleur ou l'u-
sage ; la préférence dépend du goût et des
dispositions des sportmen, lesquels sont très-
nombreux, et, par conséquent, d'opinions différentes.

Que celui qui aime une chasse de six heures
et souvent plus, et qui désire être toujours avec

ses chiens, que celui-là ait une meute des chiens du midi mentionnés plus haut, ou de lourds chiens comme ceux que les gentilshommes prennent dans les terrains incultes ; ils font une musique basse et puissante qui est agréable ; malgré la boue du pays et la longueur d'une chasse qui se prolonge souvent tout le jour, ils fatiguent très-peu le chasseur à pied en bonne santé.

Dans une contrée où le terrain est favorable pour monter à cheval, donnez la préférence à la seconde espèce, celle qui a l'avant-train du renard ; elle convient au cavalier à la fois impatient et actif. Ces chiens sont plus chauds de gueule, ils font une harmonie ravissante, et en même temps vont si grand train, qu'un lièvre n'ose pas ruser devant eux ; rarement, ils lui donnent le temps de respirer, il faut qu'il courre, en continuant à se dérober ou bien en chan-

geant de terrain. Dans ce dernier cas, il doit
mourir. Courage donc chasseur, car un nouveau
terrain durant la course, amène en quelque sorte
un à vue continuel. S'il en est autrement, pends
tes chiens ; à moins de grandes routes ou
de troupeaux, je n'excuse pas plus la perte du
lièvre sur un pays neuf (toujours la faute du
sportman réservée, ce qui est souvent vrai),
que je ne pardonnerais à une meute pour renard de perdre la voie de l'animal en pleine
chasse ; les raisons en sont semblables dans les
deux occasions.

Les chiens lents ci-dessus mentionnés sont
ceux qui se rallient le mieux. Ceux de la seconde
espèce, étant rarement de vitesse égale, il y en
aura souvent qui resteront en arrière, ce qui est
un inconvénient ; ils tâchent sans cesse de suivre
le chien de tête et ne sont plus bons qu'à aug-

menter le bruit, à moins que ce ne soit dans un balancé qui arrive le matin et dure un quart de mille ; alors, les vieux chiens mis à la queue reprennent les devants et souvent relèvent le défaut.

Les chiens du Midi ne sont pas si coupables de chercher à prendre la tête ; à cause de leur vitesse égale, ils vont mieux en meute, et au moindre défaut, il y a dix nez pour un sur la terre.

Quant à la troisième espèce, je n'en ai jamais vu un chenil complet, car elle n'est pas recherchée communément. Ces chiens sont d'une race du Nord et très-estimée pour leur hardiesse, et préférés souvent pour la chasse à la loutre et à l'ours. Dans beaucoup de pays, on les emploie pour le renard, mais ils sont mauvais pour en tirer race, car ils sont sujets à dégénérer et à donner des chiens bas, épais et aux épaules lourdes.

Les Beagles (bassets), à poil rude ou ras, ont leurs admirateurs. Ils donnent beaucoup de voix en fausset ou en ténor, ils vont plus vite que les chiens du Midi, mais ils traînent horriblement; ils sont très-près de terre, et, par conséquent, sentent la voie plus facilement que les grands chiens, surtout quand l'atmosphère est lourde. Dans les pays coupés, ils lambinent (ils musent avec le lièvre) et sont très-bons dans les défauts pour percer les haies. Cependant, j'en ai vu à l'œuvre quatre-vingts couples dans un jour d'hiver, et sur ce nombre il n'y en avait pas quatre sur lesquels on pût compter, tant la majorité avait de propension à poursuivre la plume, et quoi que ce soit qui volait dans l'air ; cependant, avec l'assistance d'un chasseur habile et avec une piste bien dressée, j'ai eu quelquefois un agréable divertissement.

Des deux sortes de Beagles je préfère celle à poil rude, elle a généralement les reins très-forts et les épaules larges.

Les Beagles à poil ras sont communément bas sur pattes, leurs lèvres sont épaisses et leur nez large ; mais ils sont souvent si mous et si mal membrés, qu'après la première saison de chasse ils ont les épaules disloquées et boîteuses ; leur impardonnable défaut des jambes torses, les fait souvent ressembler au chien terrier ou mieux encore au chien tourne-broche de Bath [1].

[1] Petite ville près de Londres.

Je connais des admirateurs de ces chiens; mais, pour moi, ils ne sont pas mes favoris; très-peu peuvent supporter une chasse longue et relever un défaut; après deux heures de course, vous pourrez remarquer qu'ils sont boîteux et abattus; le chasseur alors serait aussi bien seul en raison de l'assistance qu'il reçoit de ses chiens; il résulte de leur taille et de leur construction, car la nature ne fait rien sans motif, qu'ils ne sont pas créés pour un violent exercice.

En voilà assez sur les chiens de chasse; beaucoup peut être dit pour et contre les différentes espèces; c'est une question trop complexe pour émettre une opinion, mais pour la résumer en peu de mots, nous dirons: avoir de bons chiens quelle qu'en soit l'espèce est désirable; quiconque les a du même âge et du même pied

(qualités indispensables pour marcher ensemble),
peut se vanter d'un inappréciable avantage pour
le plaisir de la chasse, soit qu'ils viennent du
Nord ou du Midi, soit qu'ils soient Beagles à
jambes droites ou torses, ou chiens de renard;
c'est ce que peu de gentilshommes, quelque soin
ils prennent de les bien élever, ne peuvent atteindre qu'après plusieurs années.

Les qualités pour bien fixer son choix, étaient
connues longtemps avant que vous, Milord et
moi, fussions nés, et mon opinion ne peut être
autre que celle que j'ai apprise des chasseurs
qui m'ont précédés. Cependant, préférez le chien
de taille moyenne avec le dos plus long que
rond, avec le nez gros et les narines bien ouvertes; avec la poitrine profonde et développée,
les reins gros et élevés, les hanches larges, les
cuisses droites, le pied dur et sec, les ongles

gros, les oreilles larges, longues, minces et plus rondes que pointues, les yeux grands et proéminents, le front haut, enfin, avec la lèvre supérieure épaisse et plus avancée que la mâchoire inférieure.

Je suppose qu'on ne s'attend pas à ce que je donne la manière de tenir les chiens au chenil. Si votre piqueur n'est pas tout à fait sans intelligence, s'il n'est pas le plus sale, le plus paresseux, le plus coquin des hommes, il aura soin que le chenil soit propre, bien aéré, bien lavé et que la litière soit fraîche; il aura soin que leur nourriture soit suffisamment cuite ou plutôt bouillie; il évitera la viande grossière, crue ou par trop cuite, car rien ne nuit plus à l'odorat.

Quant à la méthode pour tirer race, je ferai seulement observer, qu'au moment convenable,

on ne saurait prendre trop de soins des chiens
qui doivent produire les élèves ; très-peu de
choses peut gâter toute la portée, et ensuite,
malgré toute la vigilance possible, les portées se
succéderont toujours manquées et dégénérées,
quoique provenant de races aussi pures qu'il y
en ait dans le royaume.

J'ai conservé dans ma chambre une chienne
dès les premiers symptômes de chaleur qu'elle
manifestât[1], et je l'ai tenue si hermétiquement
enfermée, que j'aurais pris le sacrement[2] qu'elle
n'avait vu aucun autre chien. Cependant, ses
petits héritèrent de peu ou point des qualités des
parents et à peine même de leur couleur ; d'où
je conclus qu'un chien et une chienne du sang
le plus pur, peuvent ne pas avoir des petits

[1] *Pride,* littéralement les premiers symptômes de fierté.
[2] Que j'aurais fait le serment.

3*

même passables. On a souvent remarqué la même chose chez les chevaux ; d'où vient cette erreur de la nature, si cela peut être appelé une erreur ? Je laisse à un naturaliste plus expérimenté que je ne le suis, le soin de le décider.

En causant de jeunes chiens avec un médecin fort savant et très-connaisseur en chiens courants et en chiens d'arrêt, il m'a rapporté sur une chienne d'arrêt la merveilleuse histoire que voici :

« Comme il voyageait de Midhurst dans le
» comté de Hampshire et traversait un village,
» les mâtins et les roquets se mirent à courir
» en aboyant, ainsi qu'ils ont coutume de faire
» quand un cavalier passe en pareil endroit.
» Parmi eux, il y avait un chien de colporteur,
» petit et laid, il était particulièrement ardent
» et désireux de se faire bien venir de la chienne

» en question. Le docteur s'arrêta pour faire
» boire son cheval, et, pendant ce temps, il
» ne pût s'empêcher de remarquer combien le
» roquet paraissait amoureux et la chienne polie
» et tendre envers son admirateur. A la fin,
» fatigué de voir une chienne du rang et de la
» race de Phylis, si empressée d'accueillir des
» hommages si vils, il tira un pistolet et tua
» le chien raide sur la place, puis il descendit
» de cheval, prit la chienne dans ses bras et
» l'emporta devant lui pendant plusieurs milles.
» Le médecin rapporte ensuite que *madame,*
» depuis ce jour, ne voulut manger que peu ou
» point, ayant en quelque sorte perdu tout ap-
» pétit; elle n'aimait plus à sortir avec son
» maître, ni à venir quand il l'appelait; de plus,
» elle paraissait dépérir comme une créature
» éprise, et montrait ainsi un tendre chagrin de
» la perte de son amant. La saison des per-

» dreaux arriva, mais elle n'avait plus de nez,
» et le docteur ne tua pas un seul oiseau devant
» elle. Cependant, dans la suite des temps Phylis
» redevint en chaleur; le docteur en fut en-
» chanté, pensant que ce serait un moyen phy-
» sique de la détacher du souvenir de son défunt
» admirateur; en conséquence, il la fit enfer-
» mer et épouser par un admirable chien de
» race pure que le docteur allât chercher à qua-
» rante milles et rapportât sur son cheval gris;
» et pour qu'aucun accident n'arrivât par la né-
» gligence d'un domestique ivre ou paresseux,
» leur garde fut confiée à une vieille femme de
» charge, et autant que le soin de ses malades
» le lui permettait, le docteur les surveilla lui-
» même; mais, hélas! quand arriva le jour de
» l'enfantement, Phylis ne mit pas au jour un
» seul petit qui ne fut en tout semblable
» au pauvre roquet qu'il avait tué tant de

» mois avant que la chienne ne fut en cha-
» leur.

» Ce résultat ne causa pas moins de surprise
» que de mécontentement au docteur. Pendant
» quelque temps, soupçonnant sa femme de
» charge, il fut sur le point de la renvoyer ; ja-

» mais elle n'avait été traitée ainsi ; mais, hélas !
» cela n'eut pas remédié au mal. Il conserva la
» chienne pendant plusieurs années, et, à son
» grand chagrin, elle n'eut jamais de petits qui
» ne fussent entièrement semblables au chien du
» colporteur. Il disposa d'elle en faveur d'un
» ami du comté voisin, mais inutilement, la
» méchante bête continua à mettre bas de sem-
» blables enfants ; d'où le docteur tira cette
» conclusion que chiens et chiennes tombent
» éperdument épris les uns des autres. »

Que ces créatures, surtout les femelles, puissent, à une époque déterminée, préférer ou
aimer, je l'accorde au docteur ; mais comment
l'impression produite par le chien du colporteur
(en admettant pour lui faire plaisir, qu'il y ait
eu impression), ait pu occasionner une ressemblance avec les petits de la chienne, et cela,

pendant une suite d'années après la mort du chien, le docteur seul est capable de le soutenir[1]. En voilà assez sur ce sujet; j'espère que cette disgression me sera pardonnée, et si cela n'est pas désagréable, je continuerai par quelques pages sur le gibier.

[1] En 1824, j'ai ramené d'Espagne une chienne pleine d'un chien d'un poil tout particulier et assez semblable à de l'avoine; pendant quatre ans, jusqu'à la mort, et quelqu'eut été son époux, elle a mis bas des chiens de cette couleur; le docteur avait donc raison. Aujourd'hui, un tel fait n'est plus douteux. (L. DE C.)

LETTRE III.

DES DIFFÉRENTES SORTES DE LIÈVRES ;
CHAPITRE NON MOINS INTÉRESSANT QUE LES PRÉCÉDENTS.

4

Les sportmen appellent levraut le lièvre dans sa première année ; à douze mois, il est devenu lièvre ; à deux ans et au delà, il est un grand et gros lièvre, une souche ; je ne leur ai jamais entendu donner d'autres noms, et je n'en connais pas de plus convenables.

L'origine de ces termes est sans importance pour le chasseur ; quand il voit l'animal, il sait parfaitement que chacun nomme cette créature un lièvre, et votre Seigneurie sait que les anciens donnaient diverses appellations à cet animal.

Les Hébreux le nommaient *Arnebeth,* lequel mot étant féminin, fit généralement croire qu'aucun lièvre n'était du genre masculin; cette opinion a tellement prévalue, qu'aujourd'hui même, il n'y a pas un homme sur mille qui, s'il s'agit du lièvre, en parle autrement qu'au féminin, employant les épithètes : elle, ou à elle [1].

Les Grecs appelaient quelquefois le lièvre *Lagoes* à cause de ses désirs immodérés; d'autres

[1] En anglais, il n'y a qu'un article neutre pour tous les genres; seulement, les animaux ont tout ce qui leur appartient du genre masculin ou féminin, suivant qu'eux-mêmes sont masculins ou féminins; ainsi, dans le cas dont il s'agit, on dirait, en parlant d'un lièvre mâle : *sa* poil, *sa* nez, *sa* cou, *sa* œil. (L. DE C.)

[2] Faute d'impression sans doute : Λαγωος, lièvre.

fois, ils le surnommaient *Ptoox* [1] à cause de sa poltronerie sans pareille ; enfin, les Latins le désignaient par une périphrase : *Lepus quasi levi pes,* ou *figt foot* (pied léger), à cause de l'extrême rapidité de sa course.

Qu'il y ait une différence réelle dans les espèces, je confesse ne pouvoir en être juge. J'ai toujours trouvé que tous les lièvres se ressemblaient quant à la forme, mais que comme toutes les autres créatures, ils pouvaient se surpasser en taille et en adresse ; ce que j'imagine ne doit venir d'autre chose que de la différence de nourriture et de pays ; on peut donc les classer dans quelques catégories restreintes : lièvre de bruyère, lièvre de plaine ou de parc, lièvre de marais, lièvre de bois.

[1] Autre faute d'impression : Πτωξ, poltron.

Le lièvre de montagne et de bruyères mange
de l'herbe courte et parfumée, il respire un air
pur et il a un espace considérable pour prendre
ses ébats loin de son gîte, d'où il résulte, et
l'expérience l'a prouvé, qu'ils surpassent en force
et en vitesse tous les autres lièvres, et peuvent
soutenir une plus longue chasse. Dans les temps
secs, ils descendent habituellement dans les
vallées pour changement et soulagement. J'ai vu
par moi-même et j'ai appris des bergers et des
chercheurs de lièvres au gîte, appelés en déri-
sion *des myopes* par les plaisants, que jamais les
lièvres ne sont plus nombreux sur la montagne que
par les temps pluvieux ; la raison en est simple :
ils mangent, se gîtent et courent sur un terrain
plus sec qu'ils ne trouveraient dans la vallée.

Chaque lièvre a une multitude de gîtes ; suivant l'état du ciel, il en change de temps à

autre ; soit habitude, soit instinct, il y retourne,
pourvu qu'il l'ait quitté volontairement et sans
être effrayé.

Les lièvres des parcs, des marais et des bois
sont, cela est reconnu, plus lents, plus faibles
et moins capables de soutenir une longue chasse
que les lièvres de bruyères ; leur nourriture
et leur manière de vivre étant tout l'opposé ;
leurs herbages forts et vieux sont trop près
de leur gîte, leur champ d'exercice est plus
resserré et plus sujet aux alertes ; enfin, l'air
qu'ils respirent est moins bon et moins pur, d'où
vient qu'ils sont boursouflés et manquent d'haleine. Les lièvres des landes sont de cette espèce,
et, quand on les ouvrit, j'en ai vu plusieurs qui
étaient malsains et avaient les poumons ulcérés.

' Les lièvres retournent volontiers dans le même
canton, mais bien rarement dans le même gîte.

Il y a une sorte de lièvre assez rare et dif-
férente des espèces déjà mentionnées; ils errent
partout au hasard comme des vagabonds, leur
gîte est incertain, quelquefois ils se trouvent
dans les enclos, dans les haies, dans les broussailles, dans les abris fourrés, et d'autres fois
en pleins champs.

Ces lièvres sont les meilleurs pour une chasse
variée; ils sont les plus difficiles à juger et les
plus dangereux à poursuivre; ils se promènent à
travers les basses-cours durant la nuit, sans
tenir compte des grognements du chien de
garde; intrépides et sans crainte, ils traversent
le jardin et le verger; ils explorent l'étang
périlleux sans redouter les eaux mugissantes;
ils se régalent ou d'herbes vierges, ou de
tendres trèfles, ou de jeunes navets, ou suivant
l'instinct secret qui les pousse, ils négligent

tout pour écorcer les arbres ou brouter les
bourgeons qui s'entr'ouvrent.

S'ils sont lancés, ils gardent rarement un
cercle certain, ils courent irréguliérement en
essayant toutes sortes de terrains, le gazon,
la dure grand'route, la mare boueuse, la jachère
sèche et poudreuse, conduisant ainsi le chasseur
fatigué à travers des pas pénibles et des passages
dangereux.

Ces lièvres sont des vieux sorciers, ils sont
des sujets méprisables de conversation après la
chasse, ils font circuler le verre rapidement,
ils sont cause que les joues s'empourprent, que
les mentons remuent, et que chaque langue
épaissie contribue à faire retentir la maison
d'une gaieté bruyante et continue ; tous les chasseurs, impatients de recommencer la chasse,

racontent leurs prouesses. L'auditoire inexpérimenté, accorde son attention à chaque orateur

à son tour. Mais si un chasseur sonne la vue,
et s'il triomphe des difficultés, soudain le
silence règne; puis ravi des clameurs étourdis-
santes du prophète, avec un vif entraînement

ils applaudissent alors en chœur, et les histoires les plus apocryphes sont écoutées et tenues pour vraies. Cet orateur misérable, juge arbitraire quoiqu'illettré, avec l'orgueil et l'ignorance innés chez lui, attribue les passages notables de la chasse à son propre jugement et à son intelligence, et les autres faits moins remarquables, à l'ingénuité et à l'instinct du pauvre lièvre.

Puisque j'ai commencé ce sujet du lièvre, il ne sera pas hors de propos de faire observer à votre Seigneurie, combien bonne a été la Providence dans la formation de cet animal; il est bien, en vérité, que la nature ait été si attentive, car il y a à peine une créature animée, sauvage ou domestique, qui ne soit un ennemi pour le pauvre lièvre sans défense. Les oiseaux dans l'air, de même que les bêtes sur la terre, paraissent être en guerre perpétuelle avec lui ; même la rampante couleuvre peut tuer un vieux lièvre qui restera inerte et impuissant dans le combat ; le levraut ne peut paître aux environs de sa petite demeure avec quelque sécurité et sans être molesté par une chouette ou une méprisable chauve-souris ; c'est pourquoi la nature, au milieu de cette foule d'ennemis, lui a charitablement donné, comme le meilleur moyen de conservation, un caractère excessivement craintif, toujours aux aguets, et toujours poussant jusqu'à la précipitation sa vivacité à fuir la plus légère approche du danger ; toute sa sécurité consiste dans ce seul talent ; pour le compléter, la sage Providence a coordonné toutes les parties de son corps. Ne dédaignez pas, Milord, de faire l'analyse de cette petite créature, une merveille parmi les animaux, et qui ne fait pas moins les délices du chasseur que de ses Beagles. Il n'y

a pas d'animal dans l'univers qui laisse un par-
fum plus excellent que le lièvre, l'odeur de la
marte n'est pas plus entraînante pour les chiens.
Que votre Seigneurie ait la bonté de considérer
sa petite tête ronde, regardez comme elle est
convenable et bien construite pour la fuite. S'il
avait dû se nourrir en grande hâte, une tête
et un nez plus longs auraient été indispensables.

Voyez combien les oreilles sont longues,
combien elles sont larges et ouvertes, combien
haut elles sont posées sur la tête, et quand il
les dresse, combien elles sont rapprochées.
Elles sont admirablement calculées pour entendre
l'ennemi à distance et pour percevoir à temps
le moindre danger.

Ses yeux sont ingénieusement placés de chaque

côté et séparés par toute la largeur du front ;
ils ne sont pás en avant comme ceux d'un chien
ou d'un chat, pour voir seulement un segment
du cercle devant eux, mais de côté pour em-
brasser un cercle presqu'entier, se tourner en
tous sens [1], afin d'épier le danger de n'importe
où et s'y soustraire à temps. Encore une remarque à faire, et bien digne d'observation,
c'est que cette bête endormie ou éveillée, guette
toujours, ses yeux restant continuellement ouverts, car ils sont si protubérants, si ronds, si

---

[1] Le lièvre voit très-mal devant lui, justement parce
que ses yeux sont trop sur le côté ; quand il enfile un
chemin il arrive sans soupçon jusque dans les jambes
du chasseur ; rien ne l'avertit du danger qu'un mouve-
ment de votre linge ou de vous-même. Quand un lièvre
fuit devant les chiens, il s'arrête souvent et tourne la
tête autant pour voir que pour entendre. (L. DE C.)

gros, que les paupières sont trop petites pour les recouvrir même pendant son sommeil.

Quant à la poitrine, remarquez, Milord, combien elle est étroite et longue en même temps ; car durant la chasse, les poumons se trouvent dans un état violent et continue d'expansion ; l'aspiration et l'expiration sont si prodigieusement fréquentes, qu'ils deviennent à la fin très-développés, et exigent un espace plus considérable qu'il n'y en a d'ordinaire d'assigné à cet effet ; ainsi donc la poitrine est construite de façon qu'elle reçoit plus d'air et qu'elle donne aux poumons plus d'espace pour s'acquitter de leurs fonctions, que dans presqu'aucun autre animal.

Prenez note du dos, voyez combien il est droit et un peu long afin de couvrir plus de terrain pendant sa course, et combien ses larges reins lui donnent de force pour cet exercice. La queue est courte et haut placée; les hanches grandes, larges et nerveuses; les jambes sont droites et longues à proportion, et les pieds sont tels qu'aucun animal de la création ne peut se flatter d'en avoir de pareils.

Maintenant que j'ai parlé des pieds, permettez-moi d'appeler votre attention sur une idée assez commune, je pourrais même dire une erreur, et il y en a de grosses répandues au sujet du lièvre; quant à la suivante, je ne doute pas que votre Seigneurie l'ait entendue et même lue. Ainsi demandez à des chasseurs pourquoi le lièvre des marais, des plaines et des enclos ne supporte pas la chasse aussi longtemps que celui des montagnes. La plupart répondront: que le premier prend trop de pâture avant de se gîter, et que l'habitude de marcher dans les sentiers humides et dans les terrains mous, lui rend le pied tendre; que, par conséquent, il est moins capable de supporter une course forcée que le lièvre des montagnes, qui marche sur les routes dures et les terrains secs, que l'on rencontre les trois quarts de l'année dans les bruyères et les côtes.

La première de ces raisons semble plausible, mais j'en demande pardon aux écrivains et chasseurs qui l'ont avancée, je suis d'un avis tout opposé. Il est bien plus simple et naturel de croire que les lièvres dont ils parlent ne mangent pas trop, ainsi qu'ils disent. L'instinct infaillible leur apprend sans doute à ne se pas gorger outre mesure, de façon à ralentir leur vitesse qui est leur salut et leur seule défense; il faut l'admettre, j'en suis certain; les pauvres craintives créatures satisfont la nature et rien au delà. Leur temps de manger commence suivant la saison et finit à une certaine heure, ensuite un temps convenable est employé à se ressuyer, prendre l'air, courir et se vider, jusqu'à ce que l'approche du matin les avertisse que le moment est venu de chercher ou de regagner leur gîte.

Ils ne mangent pas d'une manière gloutonne comme les *sages têtes* qui les chassent et qui parfois mangent par friandise dans le doute si elles trouveront pareille aubaine pour le lendemain ; eux, au contraire, cessent souvent avant que la nature soit contentée, troublés et alarmés qu'ils sont durant la nuit ; alors ils finissent leur repas avec du menu bois ou des mauvaises herbes, satisfaits de leur solitude et de leur sûreté. Quelquefois quand le temps l'ordonne, que l'orage du midi verse des torrents terribles, que le vent glacial du nord couvre la terre d'un manteau d'argent, il ne quitte pas son gîte jusqu'à un temps meilleur et se prive de manger [1].

Je ne sais si les chasseurs qui jugent par eux-mêmes que les lièvres peuvent manger immodérément, ou qui ayant éprouvé quelque gêne aux talons par suite d'un ventre trop rempli, pensent que les lièvres sont de même, je ne sais si ces chasseurs admettront mon sentiment, je ne puis le connaître et cela m'est égal; j'ai une meilleure opinion des ordres de l'honnête et *fidèle* nature que de leurs notions vagues et en l'air.

[1] Je crois, ou plutôt je suis assuré, que n'importe le temps, les lièvres font toujours leur nuit. (L. DE C.)

Quant à la seconde partie de leur avis, à savoir que les lièvres des terres basses ont les pieds tendres, je proteste que je souris à la pensée d'un avis si peu judicieux; la délicatesse du pied dans les chiens est due à la mollesse de la sole qui est cette substance charnue appelée boulet ou orteil du pied. Cette délicatesse est innée chez quelques-uns, c'est un défaut de la race, une de leurs qualités étant, comme je l'ai dit plus haut, d'avoir la sole dure et sèche. Chez d'autres, ce défaut provient du manque d'habitude, et dans ce cas il est facile d'y porter remède; un exercice modéré chaque jour les endurcira suffisamment pour supporter la chasse. Mais qu'un lièvre ait les pieds tendres, un peu d'attention convaincra les chasseurs de leur erreur, la nature ayant été particulièrement libérale à cet égard pour les pauvres lièvres; ils sont doués de tels pieds, qu'ils ne sont pas

sujets à la délicatesse, et si prêts d'être invul-
nérables de ce côté, que jamais, à cause de cela,
ils ne ralentissent ou retardent leur course.

Je vous prie de remarquer quel fin tissu il y
a entre les jointures et l'admirable absence
de sole et d'orteils. Je demande avec respect à
votre Seigneurie, ce que le lièvre peut redouter
des chemins durs et rocailleux, des sentiers
inégaux et gelés, des broussailles acérées, des
épines noires aiguës? Rien. La sole de ses
pattes est garnie, au lieu de chair, d'une four-
rure épaisse et grossière qui convient si admirablement à la marche, que le lièvre se trouve
garanti, n'importe sur quel terrain, et qu'il
n'est jamais plus à l'aise que sur les sentiers
raboteux et sur les routes pierreuses. Sur le
même terrain qui estropie un chien, un lièvre
glisse sans peine et avec plaisir. Remarquez que

par la gelée (pour les raisons ci-dessus), il a pour la course des avantages supérieurs à ceux des autres créatures. Tandis qu'un généreux coursier peut être surmené même au petit galop, tandis que le rapide levrier foule ses jarrets et met sa sole en pièce dans les mauvais chemins glacés, le lièvre est protégé, il court comme sur des sacs de laine, il saute et rebondit sur ses jarrets. Regardez-le encore dans les chemins boueux, il effleure l'argile et les ornières avec la vivacité d'une flèche au départ, et s'élance si promptement que le sol garde à peine son empreinte. Mais assez, je ne veux donner aux partisans des pieds tendres, qu'une raison, mais une bonne, pour laquelle un lièvre des basses terres pourrait supporter moins bien le travail et la fatigue d'une chasse que le lièvre des montagnes; ce n'est pas à cause d'un pied tendre ou d'un excès de nourriture, mais à

cause d'une nourriture d'herbes fortes et mal-
saines, et aussi à cause d'un espace resserré
pour courir, ce qui lui donne la bouffissure
et le manque de respiration [1].

[1] Dans les années pluvieuses, les trèfles et luzernes
chargés d'eau deviennent malsains et font périr beaucoup de lièvres. (L. DE C.)

LETTRE IV.

QUELQUES IMPERFECTIONS DU LIÈVRE, ET
REMARQUABLES QUALITÉS DE QUELQUES AUTRES ANIMAUX.
CHAPITRE TRÈS-CONVENABLE A LIRE
OU A NE PAS LIRE.

6

D'après les arguments dont je me suis servi en décrivant diverses parties du lièvre, et en faisant voir combien chacune est sagement adaptée à la conservation du tout, il me semble que j'entends votre Seigneurie s'écrier : « Quoi ! » cette extraordinaire bête est-elle donc si » complète, qu'elle n'a pas un défaut ? Est-ce » que cet animal étonnant n'éprouve aucun » malaise dans l'une ou l'autre des parties dont

» il est composé ? Dans le règne animal ni dans
» aucun autre, peu de créatures sont faites dans
» la perfection et sans défauts, comment se
» fait-il que le lièvre perde si souvent la vie et
» d'une manière si simple ? Comment se fait-il
» qu'il se jette si souvent la tête la première
» dans un danger visible, dans les bras ouverts
» d'un voyageur, ou dans la gueule du chien
» de garde, sans avoir assez de discernement
» pour passer à droite ou à gauche et éviter ce
» danger ? »

A cela on peut répondre que le pauvre lièvre
est loin d'être sans défauts, que même, au
contraire, il a des imperfections sans nombre.
La qualité d'éviter un danger précipitamment,
évidemment le jette dans un autre, et ainsi jusqu'à
la mort; il est trop souvent stupide et sans discernement à l'endroit du danger le plus évident;

cela a provoqué chez les chasseurs et les naturalistes une foule d'explications. Je vais sou-
mettre à votre Seigneurie les suivantes :

D'abord, je lui demande la permission de
faire observer que, nonobstant la description que
j'ai donnée des oreilles du lièvre et de la manière avantageuse dont elles sont placées, il y
est attaché un inconvénient qui, peut-être, n'a
été remarqué ni par votre Seigneurie ni par
beaucoup d'autres chasseurs.

Il est naturel aux hommes qui n'ont pas réflé-
chi sur ce sujet, de penser que puisqu'ils ont
une oreille de chaque côté de la tête, et peuvent
écouter une meute courant à droite ou à gauche,
devant ou derrière, un lièvre peut faire de
même ; sur ma parole, ceux qui pensent ainsi,
se trompent grossièrement. Un lièvre poursuivi,

ne doit pas attendre de ses oreilles la moindre
assistance pour entendre devant lui ou sur les
côtés; leur qualité par excellence, est de percevoir les sons par derrière; ce mérite est la
cause première à laquelle il doit sa conservation,
son talent de courir n'étant qu'une qualité secon-
daire. C'est cette faculté qui l'avertit à temps de
s'élancer de son gîte, et de tromper le rampant
braconnier. C'est grâce à elle, qu'attentif au bruit
de chaque effort, et même au bruit de chaque
palpitation de l'agile levrier, il le dépasse.
Quand il est relancé par la meute intelligente,
il prend sa course avec une vitesse résolue,
jusqu'à ce qu'il soit libre de la voix des chiens;
mais, dans le même temps, il est sourd et sans
appréhension du bruit des ennemis devant lui;
il songe seulement, et il emploie toutes ses
facultés à entendre et à fuir le danger qui le
poursuit.

La moitié des chasseurs de l'Angleterre riront
de moi pour avoir dit une chose si improbable;
mais, sur ma parole, elle est vraie. Prenez un
anatomiste quelconque qui ait étudié la structure
des oreilles du lièvre, et il vous donnera les
raisons et les preuves justificatives de ce que
j'ai avancé [1].

Comme la fuite est le seul moyen du lièvre
d'éviter le danger, il sera simple et naturel à
une intelligence ordinaire, de comprendre qu'il
soit doué d'un sens protecteur, pour être informé
à temps de la venue proche ou encore lointaine
de l'ennemi.

[1] Ces faits si *incroyables* sont depuis des siècles
l'A, B, C du chasseur en France; l'étonnement de
l'auteur prouve combien peu la chasse du lièvre était,
à l'époque dont il parle, perfectionnée en Angleterre.

(L. DE C.)

Sans l'habileté avec laquelle un lièvre entend derrière lui, il courrait en aveugle jusqu'à tomber mort, même après être hors de danger, sans s'en douter. Je défie tous les chasseurs véridiques de la Grande-Bretagne, de prétendre qu'un lièvre, récemment effrayé ou poursuivi, s'arrête jamais ou tourne la tête pour regarder derrière lui [1]. Comment donc peut-il savoir que l'ennemi a abandonné sa poursuite? Il n'a point d'yeux par derrière, c'est vrai, mais il a des oreilles qui répondent au même but.

J'ai entendu affirmer par plusieurs, et j'ai lu dans des auteurs, plus discoureurs que praticiens, que les oreilles d'un lièvre le guident à

[1] A moins qu'un lièvre ne soit serré de très-près, il s'arrête presque toujours à deux ou trois cents pas, écoute et regarde. (L. DE C.)

travers le chemin quand il est chassé : « Avec
» l'une, disent-ils, il entend la voix des chiens,
» et la seconde étendue en avant comme une
» voile, sert à favoriser sa course. » Idée ridicule ! S'il pointe ses oreilles vers un but, en
en tirant une à part ou en l'avançant plus que
l'autre, c'est pour entendre plus distinctement,
plus exactement du côté où l'oreille est avancée,
mais non pour avoir une voile et favoriser sa
course.

Si la nature avait voulu favoriser particulièrement les pattes du lièvre, par la projection des
oreilles en avant, elle lui en aurait donné deux
paires : une couchée sur les épaules pour écouter, la seconde pointée en avant pour courir. Il
n'aurait jamais plus d'occasion d'employer les
deux que quand il est chassé vigoureusement ;
cependant, à ce moment, on peut remarquer

ses propres oreilles étendues sur le cou. Quoique dans cette circonstance il soit obligé de jouer toutes ses ruses, de reconnaître d'où vient le vent pour en tirer avantage; cependant, je n'ai jamais, durant sa détresse, remarqué cette propriété de mettre *à la voile* au moyen d'une oreille; toutes deux sont complétement occupées à saisir le moindre bruit du lévrier, pour accélérer ou ralentir sa vitesse, suivant le besoin.

Rien n'est plus clair, la Providence a doué chaque créature de quelqu'avantage particulier. A l'une, elle a donné les moyens de se défendre et de se conserver; à une autre, les moyens faciles de trouver sa nourriture.

Demandez-vous le soir à un paysan, pourquoi ce hibou est perché sur la porte de grange ou sur la barrière, ou sur la poutre, il informera

votre Seigneurie que ce hibou guette une souris.
Mais un homme qui, même, n'est pas un naturaliste distingué, sait que l'oiseau de nuit écoute
la souris plutôt qu'il ne la cherche, car il a, je
vous assure, des oreilles fort délicates auxquelles
il se fie plus, pour sa subsistance, qu'à ses
yeux. Ses oreilles lui donnent le premier avis
des mouvements de la proie, longtemps avant
qu'elle soit visible. Cependant, quoiqu'on puisse
accorder que les hibous guettent leur proie
plutôt par l'ouïe que par la vue, je ne voudrais
pas que votre Seigneurie crut que parce qu'ils
ont des oreilles, ils peuvent entendre de tous
côtés. Non, elles ne leur servent bien que pour
ce qui se passe au-dessous d'eux; leur ouïe est
très-imparfaite devant et de côté; de ce qui se
passe au-dessus, ils n'ont aucune connaissance,
car s'il en était autrement, à quoi cela servirait-
il? Ils n'ont aucun espoir de voir les souris sus-

pendues au-dessus de leur tête, au contraire. Toutes les créatures, ainsi que je l'ai dit plus haut, jouissent d'une qualité spéciale. Le renard

rusé va à la découverte et il a divers moyens de se procurer sa subsistance, particulièrement à cause de sa facilité d'entendre *au-dessus* de lui, facilité presque supérieure, mais au moins égale à celle de tous les animaux. Quelle règle le dirige, croyez-vous, dans ses patrouilles, pour guetter en dessous, ou pour monter le poirier ou le pommier[1], sur lesquels se perchent les volailles? Pas tant ses yeux que ses oreilles; une plume remue à peine qu'il l'entend.

Le vigoureux et craintif chat-sauvage a, d'un autre côté, reçu la faveur spéciale d'entendre directement en avant de lui; quand il est en embuscade, il est sourd comme une couleuvre, si la proie ou le danger est derrière. J'offre ceci à votre Seigneurie, non comme une conjecture, mais comme une chose certaine, que: les oreilles des animaux sont construites pour de telles particularités; ainsi le passage qui conduit à

[1] Les renards ne grimpent pas sur les arbres.

7

os petrosum est dans l'oreille du hibou dirigé
plutôt en haut qu'en bas, pour recevoir plus
facilement et plus distinctement les sons d'en
bas. Dans un renard ce conduit est tout à fait
le contraire, il est calculé pour percevoir les
plus petits bruits venant d'en haut; dans le chat
le conduit est bien en arrière, de façon à recevoir le son venant d'en avant, mais l'oreille
d'un lièvre est pourvue d'un tube plus en arrière
encore. Comme je l'ai déjà dit, cet animal ne
redoute aucun danger autant que ceux qui sont
derrière lui; aussi ses oreilles, à cause de ce
tube en arrière, sont capables d'entendre le
moindre bruit venant de ce *quartier*. Je pourrais
signaler de notables différences dans les oreilles
des autres animaux, mais ce serait étranger à
mon but. Je vais continuer par l'analyse d'un
autre défaut bien connu du pauvre lièvre, je
veux parler de sa mauvaise vue.

Presque tout le monde a expérimenté que le lièvre voit très-imparfaitement devant lui ; triste

inconvénient, direz-vous, de ne pas bien voir ni bien entendre un danger qui semble évident. Vraiment, Milord, il en est ainsi, et ce moyen d'abréger sa courte vie arrive plus souvent que par les chasses les plus violentes.

J'ai entendu dire souvent que quand un lièvre est renversé et pris par un relais de chiens, il avait couru jusqu'à ce qu'il fut aveugle; c'est une opinion vulgaire et illettrée.

D'autres prétendent que les lièvres sont de l'espèce des animaux nocturnes, qu'ils ne voient pas bien durant le jour, que leurs yeux sont comme ceux des chats ou des hiboux, plus sensibles aux plus légers rayons de lumière que beaucoup d'autres animaux habitués au grand jour.

Il est vrai, je ne suis ni oculiste ni un juge compétent de la structure des yeux, mais si on écoute le sens commun, ce que chaque homme a le droit de faire, il est naturel de penser que la nuit ou le jour est indifférent aux yeux des lièvres, que seulement ils préfèrent la nuit

comme le temps le plus calme et le plus à
l'abri du danger. L'inconvénient de ne pas voir
du tout devant eux, peut être, dans mon opinion,
principalement expliqué par la disposition des
yeux à une grande distance l'un de l'autre,
comme ceux des chevaux. Pour voir parfaitement
en avant, ils auraient besoin d'œillères comme
celles que les charretiers attachent aux colliers
de leurs bêtes pour contraindre ces derniers à
regarder plutôt en avant qu'en arrière. Les
yeux étant construits de façon à tourner dans leur
orbite dans tous les sens, en avant vers le nez,
en haut, en bas, en arrière vers les épaules, il
n'est pas besoin d'une grande dose de sagesse pour
comprendre qu'il faut qu'ils s'éloignent également
du centre pour voir en haut ou en bas; de même,
pour regarder en avant, il faut qu'ils se dirigent
beaucoup vers le nez, et autant en arrière pour
voir en arrière, si l'on suppose que la tête est

immobile, ce qui est le cas pour la tête d'un lièvre lancé à toute vitesse ; car, dans les autres circonstances, il tourne et conduit sa tête selon sa volonté.

Dans une posture toujours la même, les yeux du lièvre sont placés de façon à voir mieux et plus vite en plein de chaque côté ; d'où il ressort qu'un lièvre chassé ou poursuivi, ne voit pas clairement devant lui, puisqu'il est tout tremblant du danger sur ses talons, et qu'il met tous ses sens et son instinct à l'éviter. Pour mieux atteindre ce but, il n'a donc pas seulement recours à ses oreilles, mais encore à ses yeux qu'il dirige en arrière le plus possible et suivant le degré de frayeur dont il est frappé ; en sorte qu'il ne soupçonne même pas l'ennemi le plus apparent qui serait devant lui. Toute personne peut répéter elle-même l'expérience,

elle s'apercevra sans peine que si elle dirige les
yeux d'un côté, elle est impuissante à bien voir
d'un autre [1].

Je ne prétends pas décider si les yeux grands,
ouverts et convexes des lièvres ne reçoivent pas
d'inconvénients de ces qualités; mais les ocu-
listes assurent que les yeux voient à une distance
convenable les objets plus grands et plus nets,
en raison de leur convexité. Je ne sais pas davantage si les yeux reçoivent un dommage lorsque
n'étant pas entièrement recouverts par les paupières, ils sont exposés, la nuit et le jour, à la
poussière et aux insectes; mais que la cause soit
ce qu'elle voudra, il est positif que les lièvres

---

[1] Tout ce paragraphe est un fastidieux radotage;
cette naïveté n'est pas aimable, elle est voisine de la
sottise.

voient moins bien devant eux que sur les côtés.

La nature a, dans une certaine mesure, compensé cette privation et aussi celle de l'ouïe[1] par un odorat extraordinaire. Je ne veux pas parler de l'odorat particulier aux chiens, mais de celui qui, suivant les chasseurs, consiste à prendre le vent (winding) ; c'est ce que fait un chien quand il relève le nez pour recevoir le vent qui lui apporte l'odeur d'une charogne, ou un épagneul pour recevoir le sentiment d'un oiseau tué ; le lièvre a ce talent dans une rare perfection. Portez-vous dans un endroit très-reculé, et si le lièvre a le vent, vous l'apercevrez rarement à une distance rapprochée ; ou bien s'il vient sur vous hardiment, vous remar-

---

[1] Les lièvres usent très-bien de leurs longues oreilles et entendent parfaitement.

querez qu'il changera de direction en temps opportun.

Cependant, je dois faire observer que si cet heureux avantage le préserve souvent du braconnier à l'affût et lui fait éviter les piéges du tendeur, ce dernier, rusé coquin, fait tourner cette qualité à son profit ; car, quand il a trouvé le lieu où un lièvre se relaisse, et s'il n'a pas assez d'engins, filets ou lacets pour barrer toutes les issues, dans son incertitude, il souffle sur l'herbe, il crache sur les mottes de terre, sur les pierres et sur les branchages du voisinage. Le lièvre alors retourne et méprise les sentiers qui ont été salis, pour suivre ceux qui le conduisent à une mort certaine. Retraite fatale ! là, tombe inconnu et sans gloire, l'animal intelligent dont la défaite eût été l'orgueil d'un chasseur loyal. Je vois d'ici votre Seigneurie s'apitoyer sur son sort ; mais comment pourrait-il avoir un autre destin? Est-ce que l'animal peut pénétrer les ruses insidieuses et les desseins pervers de l'homme?

Un mot maintenant sur l'élève du lièvre, puis je reviendrai aux autres parties de la chasse. Plusieurs personnes croient que les hases ne mettent bas qu'une fois l'an; mais j'incline à penser que depuis février jusqu'à la fin des moissons, elles font plusieurs portées, autrement il serait impossible d'expliquer leur prodigieuse multiplication.

Les biches et daines font deux petits, assez fréquemment un seul, et il est exclusivement rare qu'elles en fassent trois. J'ai autrefois rencontré un fameux braconnier, comme l'Angleterre n'en nourrit pas un second; pendant cinquante ans de sa vie, et sans s'inquiéter des saisons, il avait tué une incroyable quantité de chevrettes et de biches; eh bien! il affirmait que jamais il n'avait vu ou tué une hase qui eût trois petits[1].

Les daines, pour mettre bas, choisissent des broussailles hautes et sèches, de la grande herbe ou du blé encore debout; leurs petits sont plus en avant sous le ventre que dans aucun autre quadrupède, elles n'allaitent pas longtemps; si le contraire était exact, et si elles avaient beaucoup de petits, leurs mamelles deviendraient trop grosses et les gêneraient pour la course; elles

[1] Les hases qui font trois petits sont assez communes. Je n'ai jamais entendu affirmer par un chasseur digne de foi, qu'une biche avait mis bas trois petits d'une même portée.

mettent bas différemment que les lapines, et leurs petits viennent au monde tout couverts de poils et avec les yeux ouverts.

On a fait la remarque à la prise d'un levraut, que s'il a une étoile blanche au front, il y a d'autres levrauts de la même portée ; cependant, j'en ai vu trois pris par des moissonneurs, ils étaient de la même taille et pas un n'avait d'étoile. Les mêmes faucheurs trouvèrent un autre levraut qui n'était pas vieux de quatre jours, il était seul et avait une marque. J'ai donc lieu de croire que l'étoile, comme indice de la pluralité des enfants, est une erreur [1].

Les trois levrauts mentionnés plus haut, et qui avaient l'apparence d'être d'une même

[1] Je suis assez de cet avis.

portée, sont le seul exemple que j'aie vu d'un si nombreux enfantement. J'ai entendu, sans les croire, des chasseurs, amis du merveilleux plus que de la vérité, dire qu'ils avaient rencontré six et même jusqu'à sept petits sous une hase. Cela me rappelle qu'un certain baronnet, mort depuis longtemps, avait un grand plaisir à réunir des chasseurs et des pêcheurs, les deux espèces de gens, sous le dais (canopy) des cieux, qui mentent le plus effrontément; il faisait cela dans le but unique de les surpasser par des histoires plus étonnantes encore que les leurs.

C'est une opinion reçue chez les naturalistes que les lièvres vivent au delà de sept ans, principalement le mâle, et que quand il est tué, un autre bouquin le remplace; de là vient le proverbe anglais: *Plus vous tuez de lièvres, plus vous en avez à chasser* [1]. Quand un mâle et une femelle ont vécu quelque temps ensemble sans être troublés, ils ne souffrent pas qu'aucun étranger se fixe dans les limites de leur territoire [2].

C'est aussi une vérité très-accréditée que certains terrains, certaines places ne sont jamais sans lièvres; que d'autres, en apparence excellentes, n'en ont jamais. Ces endroits sont-ils bons parce qu'ils sont mieux situés pour recevoir les rayons du soleil, ou pour mieux voir, mieux entendre, ou parce que l'un des mariés étant devenu veuf, un mâle ou une femelle,

---

[1] The more hares you kilt, the more you have to hunt.

[2] De tels faits ont pu être étudiés dans les parcs, mais certainement pas dans la campagne libre; dans les parcs la nature *vraie* des animaux s'altère sensiblement.

suivant le cas, vient pour remplacer le défunt?
Je ne prétends pas le décider. Mais c'est assez
disserter sur les lièvres, occupons-nous maintenant des chiens et des chasseurs; il faut d'abord
les supposer ensemble à l'œuvre; que ce soit
d'un chenil ou d'une meute que je traite, cela
a peu d'importance; il faut que vous sachiez,
Milord, qu'en langage de vénerie, un chenil
est pour tous les chiens de chasse, mais que
vingt couples de Beagles font une meute tout
comme cent [1].

[1] Cet article manque de clarté; en France, le chenil
est la demeure des chiens, la meute est la réunion
d'au moins douze chiens courants, l'équipage se com-
pose des chiens, des chevaux, des valets, des piqueurs,
etc. Peut-être l'auteur entend-il par chenil, l'ensemble
des chiens de différentes races ou de différentes desti-
nations, vautrait, équipage du cerf, etc., qui habitent
ensemble.

LETTRE V.

DU RAPPROCHÉ ET DU LANCÉ ; INSTRUCTION

AUX CHASSEURS.

8*

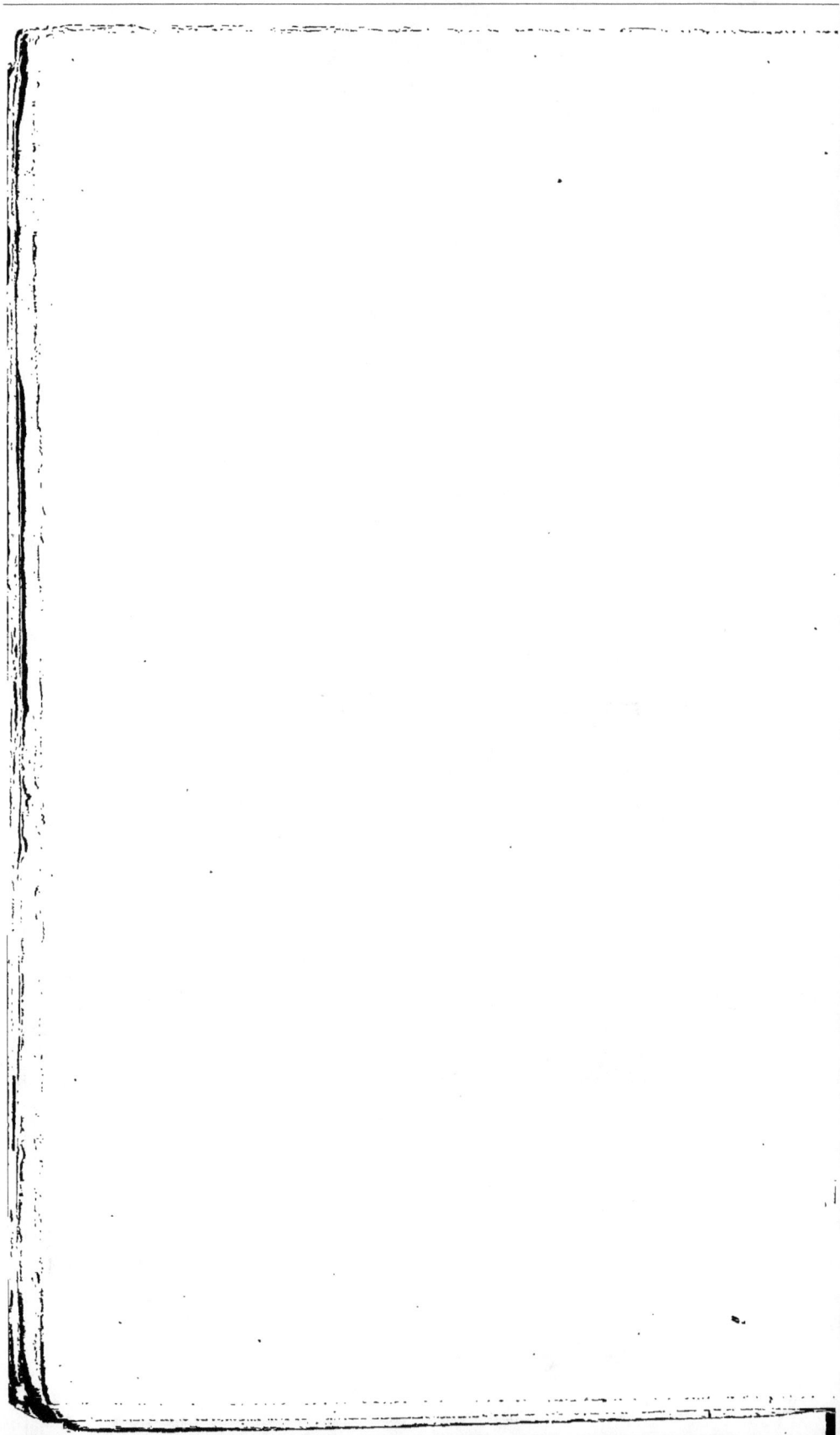

La chasse du lièvre commence à la saint Michel (29 septembre), et devrait être close le 15 février, si ces *Messieurs* voulaient ménager l'espèce. Comme j'ai supposé le chasseur en campagne et les chiens découplés, nous pouvons aussi bien imaginer que l'un ou les autres ont fait un appel.

Pour le rapprocher, aucune règle ne peut être donnée avec certitude, le jugement en est porté

par l'intelligence du chasseur et de la connaissance qu'il a des bonnes et mauvaises qualités
de ses chiens. Les meilleurs chiens d'un chenil
en Angleterre ne sont pas, et je puis affirmer,
ne peuvent être également bons, les uns excellent à rapprocher et lancer, d'autres à poursuivre le lièvre sur pied, d'autres à relever les
défauts, quelques-uns à démêler une double
voie sur des feuilles échauffées, et enfin il y en
a qui sont spéciaux pour les chemins durs et
raboteux [1].

Quelques chasseurs, dès qu'ils ont eux-mêmes
reconnu le lieu où un lièvre s'est relaissé, ne
se tourmentent plus pour le faire rapprocher,
ils s'en vont avec tout leur monde [gens et

[1] Les chiens qui font bien les chemins sont rares;
les saintongeais y excellent.

chiens, sans doute *(company)]*, battre les buissons sur une grande étendue de terrain, et
souvent il arrive que pour avoir épargné leurs
peines, ils passent par-dessus le lièvre, ou le
font fuir sans le voir. Pour mon compte, un sage
rapprocher suivi du lancer, me paraît le plus
agréable dans tout le divertissement, s'il n'est
pas troublé par la pluie ou le vent [1].

C'est un point indéterminé si, dans la poursuite d'une piste froide, les chiens donnent
d'après une effluve particulière des pattes du
lièvre, ou si c'est d'après des restes de respiration dont en mangeant ils auraient souillé les
herbages; si le sentiment venait des pieds seuls,

---

[1] Un beau rapprocher, c'est-à-dire toujours allant
crescendo jusqu'au lancer, est le triomphe des chiens
et la joie des chasseurs.

il serait plus appréciale sur le sentier humide
que sur l'herbe verte. J'ai entendu, sur l'un
et l'autre point, des casuistes entêtés, mais si
dépourvus de sens et de raison, que ce n'était
vraiment guère qu'à la force du poignet que la
question était résolue. Mon opinion est pour les
émanations venant des pieds.

Quand les chiens sont incertains, quand ils
appellent à leur secours [1] c'est une règle admise
qu'il ne faut pas les laisser se casser la tête et
demeurer en plan, mais les rassembler le plus
tôt possible, et surveiller les clôtures. Une fois
là, tout dépend absolument des chiens, le chasseur est à leurs ordres. Un chien, au nez fin,
découvre d'abord là voie, et souvent il est appelé
babillard (chatterer), parce qu'un autre chien

[1] En vénerie française, un balancer.

moins fin ne répondra pas à son appel ; cela ne provient souvent que du fait du nez d'un chien qui peut être si excessivement délicat qu'il perçoit une voie deux fois plus vieille que ne pourrait un autre chien.

Milord, remarquez, je vous prie, Damsel (nom de chien), ou la loquace Dainty (autre nom de chien), ouvrant joyeusement la chasse ; toute la meute court vers eux, mais pas un, faute d'un talent égal, ne peut approuver et répondre. Mais quand la voie devient plus chaude, si Truman ou Ruler, vieux et fermes conseillers, qui n'ont jamais émis une opinion qu'avec certitude, fruit de leur longue expérience, entreprennent gravement d'examiner le cas, et si après une convenable réflexion, ils rappellent par de simples notes, toute la bande, frères et collègues en science, arrivent de tous les coins, et par un cri général, confirment le rapport; alors le chasseur assidu, le cœur joyeux, proclame que c'est bien, dans le discours qu'il se fait à lui-même.

Il est surprenant combien entre les chiens est notable la confiance, elle est en proportion de la réalité du mérite des uns et des autres. La plus loyale et sévère personne sur la terre, ne peut pas détester ou accorder moins de crédit à un menteur ou trompeur reconnu, qu'un bon chien envers celui qui parle à faux ou qui emploie sa langue trop libre à un petit motif.

Votre Seigneurie pourra me dire que la comparaison est peu naturelle; mais cependant à quoi peut-on mieux comparer un chien qui n'avance pas et continue à bavarder à la même place, qu'à un homme qui serait un temps insupportable à narrer un conte de Canterbury, ou qui parlerait sans fin sur un seul point de son sujet? Qui ressemble plus au chien babillard que l'homme qui parle avec suffisance, et à tort et à travers, sur toutes sortes de sujets, sans en comprendre un seul?

Les cris des chiens ont un certain langage pour l'oreille du chasseur, et il doit s'y fier davantage qu'au jugement de ses amis dans les champs. Le plus ou le moins de temps qu'un lièvre est gîté, avertit du plus ou moins de probabilité de le lancer. A la plus grande distance du travail du lièvre le matin, un chien, au nez le meilleur, peut à peine en avoir connaissance, tandis qu'un autre vraiment musicien parle tout seul, peut-être par un long hurlement, ou suivant l'animal par un cri coupé, tranché *(chop),*[1] ainsi que disent quelques personnes.

[1] Continu comme un gémissement.

9

Quand les chiens se rapprochent du lièvre, les vieux praticiens confirment leur opinion par une note additionnelle et redoublent de voix, et quand ils sont près du gîte et qu'ils ont l'odeur forte et chaude, tous redoublent leurs abois.

Défiez-vous du contre-pied; au moment où les chiens sont découplés, ils peuvent donner des voix vers le milieu de la piste de la nuit, ét pas plus près du gîte que de l'endroit où le lièvre a brouté, alors le sentiment est si égal de l'un et l'autre côté, que les chiens très-occupés, très-affairés, tirent de travers et prennent le contre-pied. Le chasseur jugera du fait par les notes que ses chiens feront entendre; bientôt il reconnaîtra leur erreur, si au lieu de voix doublées les cris deviennent simples, car alors le sentiment va toujours en diminuant et finit par cesser d'être une odeur.

Il ne sera pas inutile, si les chemins et sentiers le permettent, que les valets pointent en avant pour examiner les empreintes; cela peut être utile à aider les chiens dans une mauvaise matinée et donner au chasseur quelqu'idée de son gibier.

Les levrauts laissent leurs pieds plus marqués que les vieux, car ils ont les jointures plus faibles, et pèsent relativement davantage [1]. A l'époque de la pleine lune, les lièvres courent beaucoup et s'éloignent à une grande distance, broutant toute espèce de nourriture, surtout celle qui a crû à l'ombre des haies et des arbres. Dans le même temps, les mâles et les femelles se rapprochent volontiers.

Une autre remarque doit être présentée à votre Seigneurie, c'est que tous les lièvres n'ont pas une égale odeur; les lièvres de plaine en ont le moins; ceux qui vivent dans les bois, les enclos, et surtout dans les terrains humides, en ont davantage; ces derniers sont pour l'ordinaire languissants et maladifs.

[1] Cette assertion est fort douteuse.

Une raison encore pour laquelle les lièvres des terrains bas sentent plus fort, c'est la qualité aigre de leur nourriture, et la plus grande difficulté pour l'air et le vent de répandre les émanations dans les bois et parcs que dans les plaines ouvertes.

Tous les lièvres ont plus d'odeur en allant au gagnage qu'en en revenant [1], surtout quand ils broutent du jeune blé; cela s'explique si facilement que, par amour pour la brièveté [2], je m'abstiendrai de toute réflexion, et je reviens au chasseur que nous supposerons sur une bonne voie, avec des chiens criant déjà chaudement.

[1] Pardon, mais c'est le contraire de bien des hommes.
[2] Quelle étrange illusion! peu d'auteurs sont aussi prolixes que M. Gardiner.

Dans ce moment, je suppose que le chasseur[1] s'efforce de juger où l'animal peut être gîté, et s'il est habile et heureux dans cette étude, non-seulement il en retirera des louanges, mais encore cette preuve désirable de l'estime, l'argent du champ[2] qui fait que bien des hommes négligent beaucoup trop de laisser les chiens à leur instinct pour démêler la voie, pour aller fouiller les haies et les broussailles, dans l'espérance de faire bondir l'animal[3].

Pour découvrir un lièvre, il n'y a point de règle absolue, car il se gîte d'une manière très-

---

[1] Il faut entendre ici par chasseur, celui qui dirige la chasse, conduit les chiens, piqueur, valet, maître de l'équipage ou amateur.

[2] Sans doute un vieil usage, devenu aujourd'hui incompréhensible, en France, au moins.

[3] *So ho !* exclamation à la vue du lièvre.

irrégulière ; celui qui cherche un lièvre au gîte doit en avoir sans cesse l'image devant les yeux.... Très-rarement il se relaisse en automne, dans les grands bois, parce que les feuilles, les glands et les faînes tombent sans interruption, et que les jours de pluie, les gouttes les gênent et les inquiètent ; ils préfèrent donc les haies, les broussailles sèches et les chaumes.

En janvier, février et mars, on peut chasser en beaucoup d'endroits ; mais à partir du 25 mars, les lieux ne sont pas indifférents, et un chasseur inhabile peut chercher toute la journée à démêler une piste, sans lancer. Ce qui, indépendamment de la saison des amours, ajoute beaucoup à l'incertitude de leur cantonnement, c'est qu'ils sont exposés dans les haies et broussailles à être molestés par les vipères, les fourmis et autres vermines, et qu'alors ils préfèrent les plaines et les champs labourés.

Représentons-nous, Milord, qu'à ce moment le chasseur s'écrie : *So ho !* le voici ! le voici ! Remarquez l'empressement avec lequel les acteurs se rassemblent et dissertent sur la victime présumée; joie de leurs cœurs ardents et gloire de la campagne. Antérieurement, avant qu'il se soit élancé du gîte, chacun émet un avis sur sa taille et son sexe; le jeune homme inexpérimenté, avec les yeux convulsifs et la figure pâle et agitée, déclare en balbutiant que c'est une ardente femelle; tandis qu'un monsieur plus grave, auquel l'âge et l'expérience permettent d'être positif dans son opinion, affirme avec une physionomie aigre et préparée à la contradiction, que c'est un petit et jeune levraut; d'autres soutiennent, au milieu de leur étonnement et de leur joyeuse confusion, qu'ils savent à peine si c'est un lièvre ou non. Le chasseur, qui à cause de ses connaissances supérieures, domine tout le monde, décide du sexe par suite d'observations à lui familières. Mais aux benets qui prétendent distinguer un mâle d'une femelle d'après la rougeur d'une partie ou la blancheur d'une autre, on peut répondre qu'en somme il n'y a que mâles et femelles, et que l'homme qui n'aurait jamais vu un lièvre de sa vie, et donnerait son opinion au hasard, peut, comme à pile ou face, avoir aussi souvent raison que le plus sage d'eux tous. Mais, puisque nous avons supposé un *so ho!* un à vue! nous pouvons aussi admettre que l'animal est lancé. Silence! écoutez! les côtes et les bois résonnent de bruyantes acclamations.

Maintenant le journalier aux talons de plomb, le lourd paysan avec ses souliers ferrés, marchent péniblement dans les terres, et sous leurs pas le monde des insectes tremble ; le fort bûcheron abandonne son travail, le laboureur quitte le sillon commencé, tous se répandent à travers la plaine, et la bande grossit d'instants en instants. Quelques-uns, armés de bâtons et vêtus de jaquettes de cuir ; d'autres, armés d'un fléau ou d'une fourche, et vêtus de blouses bleues ou blanches, plus légères pour la course, ont un aspect effrayant [1], aucun cœur généreux ne veut rester en arrière ; nulle distinction n'existe plus, le roi, l'empereur [2], le seigneur, le paysan, tous devenus égaux, courent à travers les champs pour voir la chasse.

[1] Pour le lièvre, cela est sous-entendu.
[2] Keiser.

Le moment est venu, chasseur, de laisser faire vos chiens, de leur parler à voix basse plutôt que de crier. Quand le lièvre sera pris, alors seulement vous pourrez élever la voix. Suivez-les à une petite distance, et lorsque l'occasion le demandera, faites entendre un appel [1]. Si vous n'avez pas de trompe, parlez-leur : bêlement, bêlement, car alors l'émulation règne, le père et le fils, les jeunes et les vieux se disputent la tête et chassent avec impétuosité ; défiez-vous alors de l'amateur inexpérimenté ; qu'il soit à pied ou à cheval, il faut modérer son ardeur, car il désire faire croire au public que l'action principale consiste à courir, à crier fort ou à voler au grand galop. Mais il se trompe et intelligent ou sot, il ne doit pas s'offenser si le chasseur lui adresse des jurements, car celui-

[1] Recheat.

là a le droit de le faire. A ce moment, lui seul peut faire entendre sa langue et mettre son pied en avant.

Une certaine ardeur des chiens, très-commune, les pousse, au commencement de la chasse, à dépasser le gibier. Bien des heures, à la chasse, ont été complétement perdues, parce qu'on a trop excité les chiens et que les voix se mêlaient avec celles des chasseurs maladroits ou celle d'un valet imbécile.

D'après la randonnée du lièvre, on peut juger de son sexe. On a lieu de croire que c'est un bouquin en lui voyant battre les routes pierreuses, les sentiers rocailleux ou faire un grand cercle relativement à celui qu'il doit parcourir chaque jour pour prendre sa nourriture ou sa promenade. On juge de ce cercle d'après celui des chiens. Il est digne de remarque, que dans le courant de la chasse, le lièvre revient souvent sur ses pas et parcourt le terrain de la nuit ou du matin, à moins qu'ayant rejoint les extrémités de son cercle (ce qu'un mâle fait souvent), il s'amuse à lambiner sur un terrain nouveau sans songer à revenir.

La hase double volontiers ses voies dans un très-petit espace, et rarement elle s'éloigne, sauf le cas où elle s'égare [1], ou celui où à la fin de la saison, elle aurait mis bas. Car, à cette époque, elle court en avant et revient rarement du côté de ses petits, et difficilement elle échappe à la mort; elle est alors faible et incapable de soutenir la fatigue.

[1] *Knit,* s'embrouiller.

Cependant, malgré ce qui précède, il convient d'admettre que les deux sexes règlent leur conduite sur le temps et la saison. Après une nuit pluvieuse, dans une contrée boisée, les mâles et les femelles évitent le couvert, parce que l'humidité et les gouttes suspendues aux buissons les tourmentent; par conséquent, ils donnent la préférence aux grands chemins, aux sentiers pierreux, et comme leur fumet est plus fort, ils recherchent les routes qui en conservent le moins. Ce n'est pas qu'un lièvre puisse juger de cette différence, et ce sont ses oreilles qui lui servent plus particulièrement dans cette occasion; car il a pu remarquer que les chiens sont plus souvent en défaut sur les terrains secs que sur le gazon, et qu'alors il est poursuivi de moins près, et qu'il est moins alarmé par les cris des chiens sur ses talons. Plus les voix sont fortes, plus il est terrifié, et plus vite il fuit.

L'effet certain de ces voix retentissantes est de le faire forcer beaucoup plus tôt [1]. Aussi, à nombre égal, la meute criant bien, forcera plus vite qu'une autre moins bien gorgée.

C'est par des motifs analogues qu'il cherche le couvert en automne quand la terre est dure et que le vent du nord ou de l'est est aigre et froid. Alors il parcourt les sentiers couverts de feuilles toujours tombantes et remuées par le vent, et les meilleurs chiens ne peuvent en revoir. Par conséquent, les alarmes du lièvre sont rares et de peu de durée, et il se trouve bien là où il est le moins troublé.

Si l'on peut suivre la bête jusqu'à son gîte, de là dépend une grande partie du succès ;

[1] *Heart broke*, de lui briser le cœur.

quand on le lance, on peut remarquer que le premier cercle est, en quelque sorte, la base [1] de ceux qui suivront; ses tours, ses détours, ses voies doublées seront, en quelque sorte, comme les premiers.

Suivant le terrain que le lièvre parcourt, les acteurs doivent se poster, et ne jamais rester deux ensemble à bavarder. Que chacun suive sa méthode pour son propre plaisir et pour aider ses chiens [2]. Le moment est venu de faire preuve de bon jugement.

Je recommande à celui qui veut rester en

[1] *Foundation.*

[2] En France, nous regardons avec raison comme une hérésie que deux chasseurs appuient les chiens simultanément.

arrière et à celui qui veut garder la piste, de demeurer seul aussi tranquille et immobile que possible. Par-dessus tout, qu'il examine le vent. Quiconque sera sous le vent, a cent à parier qu'il ne verra pas le lièvre, à moins que pour les raisons mentionnées plus haut, la bête ne soit restée loin derrière, ou qu'elle n'ait fait un saut de côté.

A la vue du lièvre, s'il est sur son cul, le silence est prescrit par la prudence, et si les chiens sont en défaut, n'y faites pas attention ; mais s'il perce devant lui avec rapidité, et que le chasseur puisse se faire entendre, un seul cri : à vue¹! est permis, dans le but d'encourager et d'indiquer le parti que prend la bête.

¹ *View hollow*, en France *vl.o !*

10'

114

Par-dessus tout, évitez la détestable habitude
d'appeler les chiens pour les mettre sur la voie

quand vous apercevrez le lièvre; ne pas laisser
dévider *toute* la piste [1] est la pire chose qui

---

[1] *Leaving un hunted ground*, abandonnant du terrain.
non chassé.

puisse arriver; non-seulement cela gâte les
chiens et les accoutume dans chaque défaut à
attendre le cri de rappel, mais c'est un procédé
de sport stupide et blamable.

J'ai déjà dit que le chasseur doit, dans tous les
cas, reconnaître les premiers tours, les premières
ruses; le succès de la chasse dépend beaucoup
de cette connaissance. Comme il suit les chiens,
il ne sera pas mal d'effacer avec son pied, plusieurs des empreintes du lièvre, surtout sous
les barrières [1], à l'entrée et à la sortie des grands
et petits chemins aussi souvent que le temps et
le terrain le permettront. Par ce moyen, si le
lièvre double ses voies, il le retrouvera encore,
et encore à différentes places, et il pourra être

[1] En Angleterre, les propriétés champêtres sont
communément closes par des haies et barrières.

d'un bon usage de remettre les chiens sur une piste chaude. S'il rencontre de nouveau des pas, qu'il les efface de rechef, c'est le meilleur moyen de suivre une voie, et si c'est fait avec intelligence, aucun lièvre qui redouble sa piste, fait des hourvaris, ne peut échapper.

C'est une habitude de quelques chasseurs, quand le lièvre double sa voie, d'envoyer du monde le prendre à rebours, de façon à le rencontrer et à l'obliger à gagner du terrain frais. Le résultat de cette manière d'agir a été souvent, qu'ayant été rencontré et signalé par des cris [1], il a seulement pris son contre-pied durant un instant pour sauter ensuite dans une haie ou un buisson. Là il se rase [2] jusqu'à ce que les

---

[1] *Houp'd*, houppé, hélé.
[2] *Squat*, se tapir.

chiens incertains entre deux voies également chaudes, dépassent l'animal et tombent dans un complet défaut. Maintenant l'habileté du chasseur et la finesse [1] des chiens vont être mises à l'épreuve ; mais cela, j'en réserve l'étude pour la lettre suivante.

---

[1] *Staunchness*, la fermeté.

LETTRE VI.

DU DÉFAUT ET QUELQUES AVIS A CE SUJET ;
HISTOIRES MERVEILLEUSES
DE LIÈVRES DURANT LE DÉFAUT.

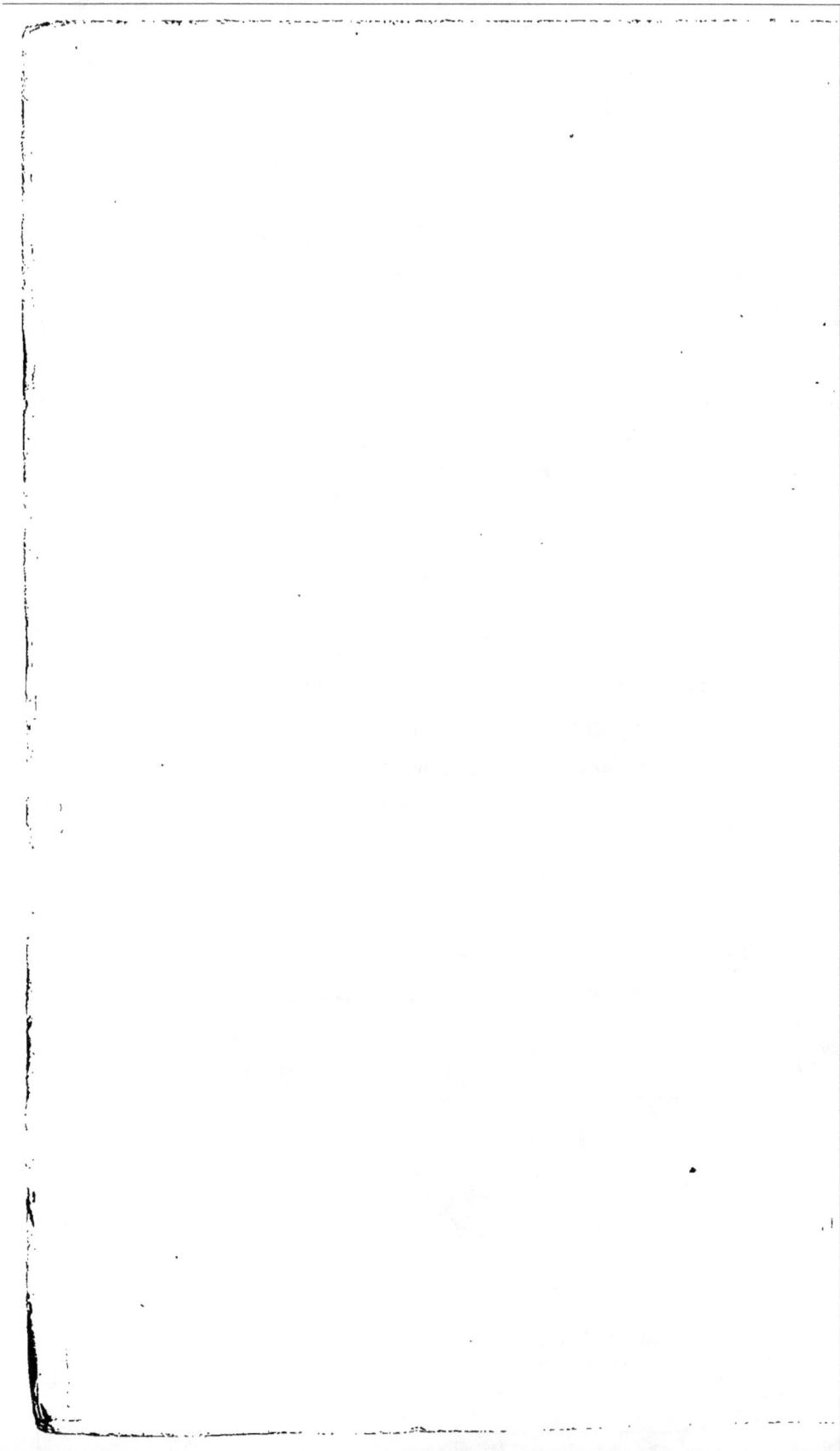

Les principales attentions à avoir dans un défaut, c'est d'abord de prendre note du temps,
heures ou minutes, que le lièvre est sur pied,
et de l'endroit où les chiens ont cessé de donner
franchement. Si le lièvre n'est pas à moitié de
la course qu'il lui est donné de fournir, ce que
le chasseur peut apprécier à peu près, ce chasseur décrira lestement un grand cercle, appuyant
principalement les chiens dans les chemins et
s'il ne revoit rien de la bête, il décrira d'autres
cercles plus petits et concentriques, jusqu'à ce

11

qu'il soit revenu au point où les chiens ont mis bas [1]. Mais si le lièvre a parcouru les trois quarts de sa course, s'il est près d'être forcé [2], il se jettera seulement de côté, et se blottira, jusqu'à ce qu'un chien s'élance sur lui. Par conséquent, dans ce cas, le chasseur doit seulement essayer d'un petit cercle, tranquillement, sûrement, sans se presser, et avec beaucoup d'attention, car le trajet étant court, il n'a pas de motif pour se presser, comme il le faudrait, s'il était deux fois plus long.

[1] Verrier de la Conterie prescrit le contraire, il ordonne sagement de graduer les cercles en commençant par le plus petit; c'est le moyen d'avoir la voie plus fraîche et d'éviter le change. Au chien d'arrêt, pour éviter de faire partir le gibier arrêté, on ne marche pas droit sur lui, on décrit de grands cercles qu'on raccourcit peu à peu. (L. DE C.)

[2] *Did run*, courir jusqu'à la mort.

Ayez soin de parler bas à vos chiens; j'ai
connu des chasseurs qui, au lieu d'un ton de
voix caressant, leur parlaient durement, et les
abrutissaient; il y a des chiens à caractère si
timide et si craintif, qu'ils peuvent à peine supporter qu'on leur parle. Je désire, moi, avoir un
compagnon[1] d'une patience à toute épreuve,
d'un bon caractère, qui ne fasse pas de la
chasse une spéculation, mais qui l'aime pour
elle-même, qui ait la voix calme et sonore, et
qui dans le défaut parle à un vieux chien vive-
ment, mais sans bruit, et qui, enfin, le caline
souvent et vite; puis, par son ton, lui rende
l'animation et le courage, et le force à mettre
sans cesse le nez en terre.

[1] Un piqueur ou un ami.

Méfiez-vous des terrains vierges, les dangers qui en résultent, ne sont que trop apparents. Évitez aussi la faute ordinaire de recouper pour vous efforcer de retrouver la piste, cela n'est pas l'affaire du chasseur, mais de la société dans les champs; par conséquent, sous aucun prétexte, il ne doit tenter de le faire; car, pendant qu'il est là à chercher, les chiens regardent en l'air, et pas un sur vingt n'a le nez vers la terre. Si le défaut se prolonge, faites attention, chasseur, au jeune chien babillard auquel vous n'accordiez pas un regard ce matin, son nez fin et la délicatesse de ses narines le rendent plus sensible aux émanations qu'un chien plus créancé. Vous dites souvent que tel ou tel chien mérite d'être pendu, qu'il n'est bon à rien du tout, prenez garde, mon ami, que c'est peut-être le contraire qui est vrai, l'excellence de son nez peut causer cette apparence. Car, comme je vous l'ai déjà fait observer, un lièvre qui aura viandé à minuit, sera lancé avec joie le lendemain matin par le chien délicat que vous avez condamné, et si dans le cas désespéré dont il s'agit, s'il ne s'élance pas, il pourra arriver au moins à encourager un chien plus expérimenté à courir et à se baisser ; cet habile chien, rebuté par un défaut insoluble, ne l'aurait sans doute pas fait de lui-même. J'ai connu des chasseurs si exaspérés de ne pouvoir faire avancer leurs chiens, que quand ils reconnaissaient que le lièvre les avait trompés, ils tiraient habilement les oreilles d'un de leurs chiens, que l'animal criait comme s'il avait retrouvé la voie, ce qui attirait toute la meute et lui rendait du courage, de façon que chaque chien se baissait et essayait de le faire (de retrouver la voie).

11*

Combien merveilleuses sont les histoires des lièvres dans les défauts ! Elles tendent toutes à faire valoir leurs ruses et leur instinct excessif. Nous avons lu que des lièvres sur leur fin, en faisaient courir un autre à leur place et entraient dans le gîte abandonné; que d'autres montaient sur des haies épaisses, galopaient quelques pas sur la surface supérieure, puis sautaient à bas, et ainsi trompaient les chiens. Il y en a qui atteignent des fourrés d'ajoncs et s'élancent de buissons en buissons, comme les écureuils de branche en branche, et de cette façon les chiens tombent dans des défauts irrémédiables. Jamais je n'ai vu, par moi-même, de telles ruses et une telle politique; et pour cette raison, je n'oserais m'avancer à en nier la réalité; mais ma foi, Milord, je souris quand je lis, ou qu'on me raconte que ces petits animaux ont joué de si bons tours avec intention et réflexion.

J'ai vu peu d'exemples de lièvres revenir en arrière et rentrer dans le même gîte, ou faire

une volte et de courir à travers les maisons, les parcs à moutons, ou bien dans les plaines de se mêler avec le troupeau; mais la plupart de ces ruses ont lieu lorsque le lièvre est harassé, qu'il a perdu la tête, et jamais dans un but ou avec intention. J'oserais affirmer que si un lièvre est rusé, il ne le montre pas autant quand il est en sûreté, que quand il poursuit sa fuite et recoupe son cercle en dessus et en dessous.

Je ris de l'imbécile qui ne veut pas reconnaître que c'est la peur extrême du pauvre lièvre, non un effet de son intelligence, qui le pousse à entreprendre des choses aussi dangereuses; l'homme qui soutiendrait le contraire, je le tiendrais pour fou.

On peut calculer combien de temps un lièvre a couru, combien de temps il s'est rasé ou arrêté; le chasseur ne doit donc jamais quitter le défaut tant que le temps et le jour le permettent; si le lièvre n'est pas tué ou pris, ce n'est pas une raison pour ne pas le relancer ; n'oubliez jamais cette maxime : qu'il est plus aisé de remettre sur pied un lièvre perdu que d'en trouver un frais.

Après un long repos, surtout après une chasse modérée, le lièvre devient souvent très-raide, alors le chasseur doit suivre de près les chiens, surtout dans le couvert ; il peut arriver que le lièvre est mangé, parce qu'on n'a pas pris cette précaution, alors le chasseur maladroit jure contre ses chiens, tandis que l'événement n'est que le résultat de sa propre ignorance ; les chiens ont droit à tous les lièvres qu'ils chassent, c'est la principale récompense de leur travail et de leur mérite.

Il est amusant d'entendre les gens de la campagne, s'écrier à la vue d'un lièvre, qu'il est

tout en sueur. C'est le fait d'une grossière ignorance; le chasseur le moins observateur sait
le contraire. La moindre preuve, après le plus
scrupuleux examen, ne peut être apportée qu'il
en soit autrement pour les lièvres que pour les
chiens ou les chats; ni les uns ni les autres ne
transpirent.

Une autre idée importante, quoique vulgaire,
est aussi beaucoup discutée, mais bien moins
comprise, à savoir: que plus un lièvre a été
chassé, plus son odeur s'affaiblit. Je n'ai jamais
remarqué un tel changement, et si une expli-
cation peut être tirée de la conduite des chiens,
je dirai que les vieux chiens expérimentés
seront trouvés à leur rang à la fin d'une chasse
et avec un surcroît de force, non évidemment
par la diminution du fumet, mais plutôt par

à raison contraire [1]. Quand la conclusion est
prochaine, chaque pouce qu'ils font les rap-
proche plus du lièvre que ne semblent s'appro-
cher les chevaux qui suivent dans la plaine.

Mais si l'on persistait à soutenir que plus un
lièvre est pressé, moins il a d'odeur, quelle
raison en pourrait-on donner? Soutenir un tel
fait, sans apporter un motif à l'appui, est certainement fort arbitraire. Est-ce parce qu'il est

---

[1] Plusieurs fois j'ai vu tomber morts devant mes
chiens, des lièvres chassés à outrance, ils tombaient
étouffés par le sang qui affluait au cœur; quand ce
moment approche, il ne serait donc pas surprenant
que l'animal déjà glacé, laissât moins d'émanations.
Quant aux *vieux* chiens, s'ils redoublent d'ardeur, c'est
que l'expérience leur a appris que la curée est proche.
A ce moment suprême, ils ont souvent la tête haute,
et chassent plus des yeux que du nez. (L. DE C.)

à court d'haleine? Mais alors que devient l'argument de certains professeurs qui soutiennent que les chiens chassent sur l'odeur du pied. Mais aussi et pourquoi, les empreintes d'un lièvre ne sentent-elles pas également fort un moment avant sa mort qu'au moment où il vient d'être lancé?

Le lièvre et d'autres créatures, quand ils ont couru, ont l'aspiration et l'expiration de l'air six fois plus précipitées, que s'ils étaient froids et au repos. Maintenant, si six expirations après une course rapide sont égales à une au repos, quelle différence peut-il exister dans l'odeur?

Il peut être allégué que l'odeur est plus forte d'abord à cause qu'elle vient d'un estomac plein; en partant, les poumons du lièvre n'ont pas encore souffert , la respiration est plus libre , et le lièvre courant bas vers la terre , la respiration s'attache davantage aux herbages. D'un autre côté, on dit qu'un lièvre fatigué court haut sur ses pattes, que son haleine est plus loin de la surface de la terre , et par conséquent, moins susceptible d'y adhérer et plus facile à être disséminée par l'air et le vent.

A la première objection , je réponds : plus un lièvre court vite, plus longues sont ses enjambées, et plus il est bas vers la terre , mais aussi plus loin les chiens seront derrière lui ; et sa respiration exhalée souvent en toute liberté, n'en demeure pas moins, eu égard à la distance, longtemps avant que les chiens puisssent en avoir le sentiment.

12

A la seconde objection, je fais remarquer que le lièvre chassé vigoureusement depuis quelque temps, fait bientôt ses enjambées plus courtes, ce qui pose naturellement son corps plus haut et plus éloigné de la terre, et alors l'odeur est davantage disposée à être dispersée par l'air et le vent. Mais, comme la respiration se précipite en proportion, ainsi que je l'ai dit, les sauts diminuent très-sensiblement; mais autant les allures raccourcissent, autant augmentent celles des chiens attirés par le fumet qui devient plus fort, et ils se précipitent jusqu'à ce que le lièvre les sente sur ses talons.

Une autre raison plus naturelle et plus aisée à comprendre, pourquoi un lièvre sur ses fins est souvent difficile à prendre, est que s'il tient le même cercle et concentre sa défense sur la même ligne raccourcie, s'il double

et redouble les voies, et s'il essaie de toutes
places pour atteindre la sécurité, et s'il fait
différentes pistes sur une très-petite surface,
c'est cette multitude d'odeurs égales qui em-
brouillent excessivement les chiens. Mais de
telles études préoccupent peu le chasseur illettré,
son travail et son génie élevé ne vont pas
au delà du magnifique but de crier haut, de
sonner de la trompe, et de parler à ses chiens
un langage inintelligible qu'un hottentot rougi-
rait de connaître [1].

[1] Un lièvre sur ses fins est très-difficile à prendre,
parce qu'il a moins d'odeur; et il a moins d'odeur,
parce que tout son sang afflue vers le cœur et l'étouffe.
Nous l'avons dit, cette raison nous paraît aussi spé-
cieuse que celles fort ingénieuses alléguées par l'auteur, et qui cependant peuvent être pour quelque chose
dans la solution de cette intéressante question. (L. DE C.)

Mais en voilà assez, sur la chasse au lièvre. Si votre Grâce a des opinions d'accord avec les miennes, ou si je lui ai procuré quelques renseignements satisfaisants, je serai content. Vous savez que j'habite un pays boisé et j'écris comme un homme des bois; mon chasseur est toujours à pied et forcé d'être leste. Les qualités requises pour un bon piqueur, comme je l'ai déjà fait entendre, sont une patience à toute épreuve, puis d'être infatigable, d'avoir le pied sûr, une voix passablement musicale, et un goût naturel pour les chiens et la chasse. Les plus honnêtes sont menteurs, mais on peut leur pardonner ce défaut, s'ils ne trompent pas leur maître. La chasse au lièvre est un charmant divertissement, et pour mille raisons il mérite d'être entrepris; mais c'est un exercice à pied si pénible, que si on en faisait faire l'apprentissage à de jeunes garçons, pas un sur cinquante, ne finirait son temps d'épreuve [1].

Je suis,

Milord,

votre...

GARDINER.

[1] Toute la modestie possible ne peut pas nous empêcher de reconnaître que les Français d'aujourd'hui, doivent être bien autrement nerveux que les Anglais du temps de l'auteur; jeunes et vieux, nous suivons nos chiens à pied, toute la journée, avec ou sans succès; nous ne nous rebutons pas pour si peu. (L. DE C.)

TABLE DES MATIÈRES

TABLE DES MATIÈRES.

142

FIN

IMPRIMÉ PAR J. VERRONNAIS, METZ

www.ingramcontent.com/pod-product-compliance
Lightning Source LLC
Chambersburg PA
CBHW072349200326
41519CB00015B/3710